U0251041

现代职业农民实用技术丛书

桃树栽培与
病虫害防治

主编　赵　杰　顾燕飞

上海科学技术出版社

图书在版编目（ＣＩＰ）数据

桃树栽培与病虫害防治 / 赵杰，顾燕飞主编. -- 上
海：上海科学技术出版社，2021.4
（现代职业农民实用技术丛书）
ISBN 978-7-5478-5316-0

Ⅰ. ①桃… Ⅱ. ①赵… ②顾… Ⅲ. ①桃—果树园艺
②桃—病虫害防治 Ⅳ. ①S662.1②S436.621

中国版本图书馆CIP数据核字（2021）第065814号

桃树栽培与病虫害防治

主编　赵　杰　顾燕飞

上海世纪出版（集团）有限公司
上 海 科 学 技 术 出 版 社　出版、发行
（上海钦州南路 71 号　邮政编码 200235　www.sstp.cn）

浙江新华印刷技术有限公司印刷

开本 889×1194　1/32　印张 7.625　插页 12 页
字数：200 千字
2021 年 4 月第 1 版　2021 年 4 月第 1 次印刷
ISBN 978 - 7 - 5478 - 5316 - 0/S·221
定价：38.00 元

内 容 提 要

全书共十一章。第一至七章分别介绍桃树从建园至采收的栽培技术，包括建园、品种、育苗、土肥水管理、整形修剪、设施栽培、花果管理等技术，既介绍传统的栽培技术，又剖析高效省工树形、设施栽培等新技术。第八章介绍 13 种桃树常见病害的简明诊断特征、侵染循环、发病规律、病菌生态和防治措施。第九章介绍 21 种（类）常见虫害（鸟害）简明诊断特征、发生与危害、害虫习性、害虫生态及防治措施；其中还介绍了梨小食心虫、蚜虫、桃蛀螟、叶螨和斜纹夜蛾等病虫的灾变要素，为预测预报提供技术参数。第十章介绍 12 种缺素和生理障碍的识别特征、病因和预防补救措施。第十一章介绍了桃树常用农药特性，方便读者选择药剂时参考。附录部分介绍了桃树栽培技术规范、桃树病虫害综合防治技术、桃树部分病虫害测报调查方法。

全书精选桃树主要病虫害特征图片 100 余幅，所有图片都是作者在生产实践中精心积累的一手资料，症状典型，参考作用大。

本书内容紧密结合生产实践，适合基层农技推广部门、农资经销商和果农阅读参考，也可作为基层职业农民培训教材。

编写人员

主　　编　赵　杰　顾燕飞

副 主 编　郝良改　秦　忠　赵宝明　庄隽怡

参编人员（按姓氏笔画为序）

卫月勇　杨飞艳　李天娇　吴中波　张圣杰

阿扎提古丽·吾麦尔　陈义娟　季　卿　赵秀娥

赵顾晨　胡晓颖　钮佳丽　秦　雯　顾晓华

唐　云　唐赵莲　曹忠明　章　赅

前　言

　　桃树是我国最古老的栽培果树之一。据《诗经》记载,我国进行人工栽培桃至少有 3 000 多年的历史。目前我国桃栽培面积和产量均居世界首位。桃营养丰富,富含糖、有机酸、无机盐和多种维生素,含铁量是苹果和梨的 4~6 倍。桃的皮、果、仁均可入药,具有补益、补心、生津解渴、消积润肠、解劳热之功效。因此,桃受到市民的青睐,同时也为桃种植户提供了较高的经济效益。

　　苏、浙、沪、皖是桃主要产区。自 2011 年以来,上海桃的产值保持在 15 万元/hm^2 左右。因桃单产利润较高,加上农民种植积极性高,其品种和栽培技术得到不断更新和优化。经过多年发展,品种方面形成了"湖景蜜露""新凤蜜露""大团蜜露""锦绣黄桃""玉露蟠桃"等主栽品种,以及"塔桥一号""丹霞玉露""加纳岩""春晓""新玉"等补充品种;栽培技术方面以大力推广生草栽培技术、高效省工化栽培技术为主,并取得了显著进步。然而,在桃产业蓬勃发展的同时,桃树的栽培环境逐渐发生了变化,如劳动力老龄化及病虫新结构,所以掌握桃树栽培新技术、新模式,科学防治病虫害成为桃树生产的当务之急。

　　为了满足新形势下桃产业发展的需要,提高桃生产技术水平,促进桃产业向安全、优质、高效、生态发展,我们利用市农委倡导基层技术人员实施科技下乡的契机,在总结科技下乡、科研试验、生产经验、技术服务、当前推广新品种和新技术的基础上,组织编写了这本《桃树栽培与病虫害防治》。全书共十一章,分别介绍桃树建园、桃优良品种、桃树育苗、土肥水管理、整形修剪技术、设施栽培技术、花果管理技术、病虫害识别与防治、缺素和生理障碍的识别与防治、桃树常用农药等技术和知识。其中,病虫害、缺素和生理障碍识别与防治部分共收入病害 13 种、虫害(鸟害)21 种(类)、缺素和生理障碍 12 种。书中还配有作者多年积累的桃树主要病虫害特征图片 100 余幅,症状典型,参考作用大。

本书主要面向上海及周边地区桃生产一线的果农、合作社、园艺场,也适合基层农技推广部门、农资经销商使用,还可供农业科研院校的师生参考,或作为基层桃树生产培训教材。

在编写过程中,得到了上海市农业技术推广服务中心研究员李惠明的悉心指导,还参考了大量著作和文献,从而使本书更具科学性、实用性。在本书付梓之际,向提供帮助的同行和朋友,以及参考文献作者表示诚挚感谢!

由于编写时间仓促,加之作者水平有限,书中不足之处在所难免。恳请各位同仁和读者批评指正,以便不断修改完善,在此深表谢意!此外,农药种类更新较快,望读者在生产实践中适时加以更新。

主编 赵 杰

2021 年 3 月

目　录

图版目录

新凤蜜露、湖景蜜露、玉露蟠桃、锦绣、白凤、仓方早生

新凤蜜露

锦绣

湖景蜜露

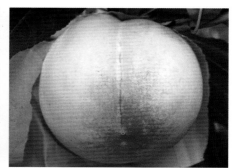

白凤

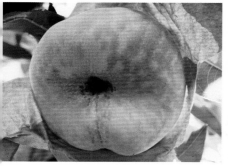

玉露蟠桃

仓方早生

锦香、丹霞玉露、加纳岩、春晓、新玉、清水

锦香　　　　　　　　　　春晓

丹霞玉露

新玉

加纳岩

清水

自然开心形、"Y"形、主干形、桃细菌性穿孔病

三主枝自然开心形

主干形

"Y"形

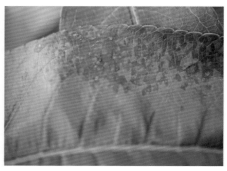

桃细菌性穿孔病叶片发病前期现墨绿色斑

"Y"形

桃细菌性穿孔病叶面叶背症状

桃细菌性穿孔病、桃侵染性流胶病

桃细菌性穿孔病枝条夏季溃疡斑

桃细菌性穿孔病果实病斑后期凹陷

桃细菌性穿孔病幼果症状

桃侵染性流胶病枝梢产生疣状突起并流胶

桃细菌性穿孔病成熟果前期症状

桃侵染性流胶病枝梢疣状突起流胶后
留下的病斑

桃侵染性流胶病、桃炭疽病

桃侵染性流胶病枝梢症状

桃炭疽病叶片后期症状

桃侵染性流胶病主干和主枝症状

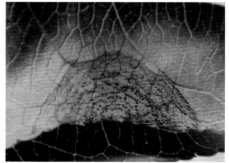

桃炭疽病叶片病斑产生黑色小粒点

桃炭疽病叶片前期症状

桃炭疽病果实轮纹状病斑上产生橘红色
小粒点

桃褐腐病、桃果腐病、桃白粉病

桃褐腐病果顶病斑

桃果腐病果实症状

桃褐腐病果面病斑

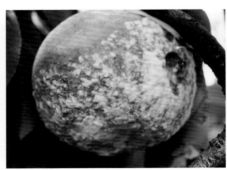
桃果腐病病果中后期果面布满灰白色菌丝

桃褐腐病后期潮湿条件下果面产生
灰褐色霉层

桃白粉病果实初期症状

桃白粉病、桃缩叶病、桃褐锈病、桃枝枯病

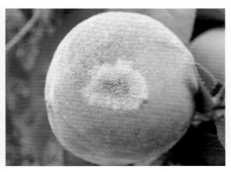

桃白粉病果实中后期症状

桃褐锈病症状

桃缩叶病叶片初期症状

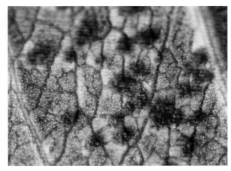

桃褐锈病病叶背面的夏孢子堆

桃缩叶病叶片后期症状

桃枝枯病新梢症状

桃枝枯病、桃黑星病、桃潜隐花叶病

桃枝枯病病梢基部的凹陷病斑

桃黑星病新梢症状

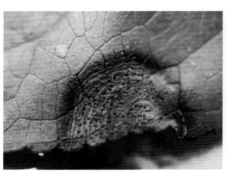

桃枝枯病叶片症状

桃黑星病叶片症状

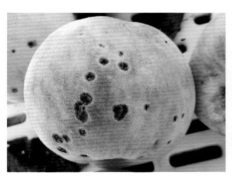

桃黑星病果实症状

桃潜隐花叶病症状

桃根霉软腐病、桃木腐病、红颈天牛、梨小食心虫

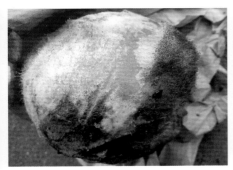
桃根霉软腐病症状

红颈天牛幼虫

桃木腐病症状

红颈天牛成虫

红颈天牛排出的粪便和木屑

梨小食心虫为害新梢田间症状

梨小食心虫

梨小食心虫为害新梢初期症状

蛀道内的梨小食心虫幼虫及头部特征

梨小食心虫为害果实症状

梨小食心虫蛹

梨小食心虫幼虫

梨小食心虫成虫

梨小食心虫、蚜虫（桃蚜、桃粉蚜）、桃蛀螟

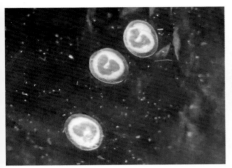

梨小食心虫卵

桃粉蚜

桃蚜为害症状

桃蛀螟为害桃果症状

桃蚜

桃蛀螟蛹

桃蛀螟、叶螨（柑橘全爪螨、二斑叶螨）

桃蛀螟成虫

柑橘全爪螨成螨

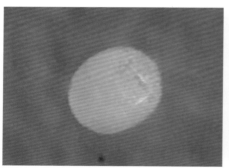

桃蛀螟卵

柑橘全爪螨卵

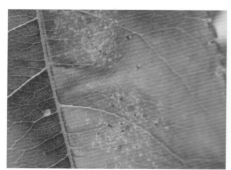

柑橘全爪螨为害叶片症状

二斑叶螨为害叶片症状

叶螨（二斑叶螨）、棉褐带卷叶蛾

二斑叶螨

棉褐带卷叶蛾蛹

棉褐带卷叶蛾卷叶为害叶片症状

棉褐带卷叶蛾成虫

棉褐带卷叶蛾幼虫

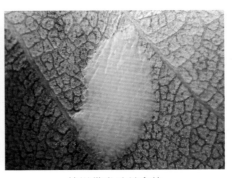

棉褐带卷叶蛾卵块

梨网蝽、桃潜叶蛾

梨网蝽为害叶片症状

梨网蝽卵粒

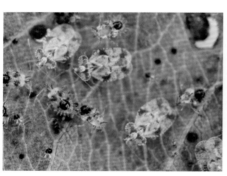

梨网蝽成虫与若虫

桃潜叶蛾为害症状

梨网蝽初孵幼虫及卵块

桃潜叶蛾幼虫

桃潜叶蛾、桔小实蝇

桃潜叶蛾茧

桔小实蝇幼虫

桃潜叶蛾成虫

桔小实蝇蛹

桔小实蝇为害桃果后霉变

桔小实蝇成虫

斜纹夜蛾、茶翅蝽

斜纹夜蛾为害叶片症状

斜纹夜蛾成虫

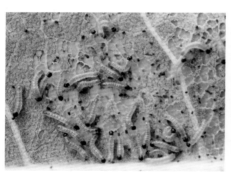
斜纹夜蛾初孵幼虫群集为害叶片

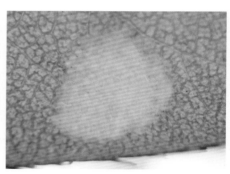
斜纹夜蛾卵块

斜纹夜蛾幼虫

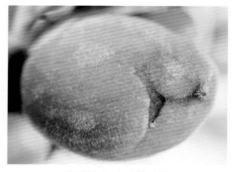
茶翅蝽为害幼果症状

茶翅蝽、桑白蚧、桃天蛾

茶翅蝽若虫

桑白蚧为害桃梢症状

茶翅蝽成虫

桑白蚧若虫

茶翅蝽已孵化卵块

桃天蛾幼虫被绒茧蜂寄生

桃天蛾、桃剑纹夜蛾、梨剑纹夜蛾、咖啡木蠹蛾

桃天蛾卵

梨剑纹夜蛾幼虫体背特征

桃剑纹夜蛾幼虫体背特征

梨剑纹夜蛾幼虫体侧特征

桃剑纹夜蛾幼虫体侧特征

咖啡木蠹蛾为害致新梢枯死

咖啡木蠹蛾、白星花金龟

咖啡木蠹蛾为害致枝梢易折断

咖啡木蠹蛾蛹

咖啡木蠹蛾排出粪便

咖啡木蠹蛾成虫

咖啡木蠹蛾幼虫

白星花金龟成虫

白星花金龟、绿盲蝽、小绿叶蝉

白星花金龟卵

绿盲蝽成虫

白星花金龟幼虫

小绿叶蝉为害桃树叶片症状

绿盲蝽为害叶片症状

小绿叶蝉成虫

灰蜗牛、鸟害、缺铁症

灰蜗牛为害叶片症状

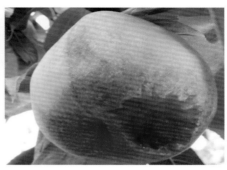

鸟害

灰蜗牛在幼果上爬行留下粘液

缺铁症田间症状

灰蜗牛

缺铁症叶片特征

缺铁症、缺氮症、缺磷症

缺铁有利于病害侵染叶片

缺磷症症状

缺氮症田间症状

缺磷症症状

缺氮症叶片特征

缺磷有利于炭疽病侵染叶片

缺钾症、缺锰症、生理性流胶

缺钾症田间症状

生理性枝梢流胶

缺锰症田间症状

生理性主干、主枝流胶

缺锰症叶片特征

生理性果实流胶

果锈、坐果率低、裂果、生理性早期落叶、药害、盐害

果锈症状

生理性早期落叶

桃树花后幼果大量萎蔫脱落

铜制剂致叶片药害

成熟果裂果

盐害

第一章　标准化建园技术

一、园地选择

1. 气候条件

桃园选址不仅要考虑适地适栽,还应考虑环境污染、市场、交通等多种因素。

我国桃树栽培的气候适宜带以冬季绝对低温不低于$-25\,℃$的地带为北界,以冬季平均温度低于$7.2\,℃$的天数在1个月以上的地带为南界。适生区为年平均温度$12\sim17\,℃$、年日照时数$\geqslant1\,200\,h$、年降水量$1\,300\,mm$以下、晚霜4月30日线以南地区。

2. 环境空气质量

桃树应在空气清新、水质纯净、土壤无污染的环境中建园,且要远离疫区、工矿区和交通要道。生产无公害桃的桃园周围空气总悬浮颗粒物、二氧化硫、氮氧化合物、氟化物等有害物质的含量必须符合 NY 5013—2002 无公害食品桃产地环境要求,每日平均分别不得超过 $0.30\,mg/m^3$、$0.25\,mg/m^3$、$0.12\,mg/m^3$ 和 $7.0\,mg/m^3$;生产绿色食品桃则要求上述有害物质含量,每日平均分别不超过 $0.30\,mg/m^3$、$0.15\,mg/m^3$、$0.10\,mg/m^3$ 和 $7.0\,mg/m^3$。

3. 土壤要求

桃园土壤汞、铅、镉、铬、铜、六六六和滴滴涕的含量应符合生产绿色食品、无公害桃规定的要求。

桃园应建在地下水位 1 m 以下的地方。地下水位高,影响根系的生长发育,造成植株徒长或死亡。桃树生长最喜排水良好的微酸性至中性壤土和砂壤土。pH 4~7 时能正常生长,5~6 时生长最佳;pH 小于 4 或大于 8 时,严重影响生长。在偏碱性土壤中桃树叶片易发生黄化,特别是在排水不良的土壤中黄化严重。桃树对含盐量很敏感,土壤中含盐量大于 0.14% 即会受害,含盐量达 0.28% 时会造成死亡。上海东部土壤含盐量高、碱性强、有机质含量低、地下水位高、土壤结构差,受台风影响大,缺铁黄化也是一大问题,应采取深沟高畦、增施有机肥、播种绿肥、种植防护林和排水洗盐等措施进行技术改良。

4. 灌溉水要求

桃树怕涝,早期喜干燥,果实膨大期需水量较大,一般建园需要有灌溉自然水源。灌溉用水要求洁净无毒,其质量要求应符合生产绿色食品、无公害桃规定的要求。

5. 避免连作重茬

桃树对重茬十分敏感,表现生长衰弱、流胶、产量低、寿命短。据研究报道,前茬作物为桃、杏、李、樱桃等核果类果树也易造成土壤营养缺乏、土壤病虫害积累,前茬残留根系中含有扁桃苷,当土壤中残根腐败水解时,能产生氢氰酸和苯甲醛,抑制和杀死新根。因此,核果类老果园应通过 2 个月以上水淹或水旱轮作后再种植新桃树。

克服连作障碍的方法与步骤:①挖除老果树后,尽量清除土壤中的残根;②轮作 2 年以上的豆科和禾本科植物,或在清除残根后水淹 2 个月以上;③增施有机肥、菌肥;④移位种植,即新挖栽植沟或栽植穴,以避开原树位置。

二、园地规划

1. 小区规划

为便于作业管理,面积较大的桃园可划分成若干个小区。小区是组成果园的基本单位,其划分应遵循的原则:在同一个小区内,土壤、气候、光照条件基本一致;便于防止果园土壤侵蚀;便于果园防止风害;有利于机械化作业和运输。

一般南方桃园小区面积为 $1.33\sim3.33$ hm^2,面积较大、地势平坦、机械化程度较高的桃园小区面积为 $6.67\sim13.33$ hm^2。

小区以长方形、南北向为好,便于机械化作业、灌溉、运输。小区的长不宜过长,以 100 m 左右为宜;机械化程度较高的桃园,行长 200 m 左右为宜。行两头要留足机械转弯带。株行距由整形模式、土壤肥力、管理水平确定,提倡"Y"形整枝,株行距 2 m×(5~6)m。

2. 道路设置

桃园道路规划应根据实际情况安排。对于面积较小的桃园只设环园和园内作业道路即可。面积较大的桃园可根据作业小区设计主路、支路和小路。主路位置要适中,贯穿全园,是全园果品、物质运输的主要道路,宽 6~8 m,与园外相通,可容大型货车通过以便运输;支路是连接各小区与主路的道路,宽 4~6 m,便于农用机械进出,可通过拖拉机和小型汽车;小区面积较大时,须设田间小路,宽 2~3 m,主要供人作业通过。

3. 排灌设施

桃园的排灌系统设置非常重要,尤其上海郊区由于地下水位普遍较高,排灌系统是否通畅直接关系到桃园的生产效能,栽培上要求做到"雨停沟干"。一般果园地须设置 3 大沟系配套:一是外围沟,通向外河道,宽 1~1.5 m,深 0.8~1.2 m,排出果园地内多余积水,降低果园地下水位;二是腰沟,腰沟与围沟相通,沟宽 0.6~0.8 m,深 0.5~0.8 m;三是畦沟,与种植畦同向,深、宽均为 0.5~0.6 m。总之,要因地制宜,全面规划。

小型桃园的灌溉渠道一般沿道路设置,有利于充分利用土地。有条件的桃园最好采用滴灌或微喷,既省水又能有效控制土壤湿度,以满足桃树不同时期对水分的需要。排水沟结合地形设置,由高到低,以便及时排出地面积水。大型桃园使用滴灌或微喷,必须分成独立的灌区,各灌区按照水泵及过滤系统的流量进行设计。

4. 防护林

防护林可与道路、沟渠、地块相结合，一般采用透风林带，即由阔叶树与针叶树和灌木组成。林带上下具有透风的网眼结构。林带由4~8行组成，小面积桃园2~4行即可，林带间距200~400 m。林带要与主风向垂直。沿海和风大的地区，林带植树适当加行加密，以使间距缩小。

5. 辅助设施

大型桃园需要配备各项生产和生活用的附属建筑，包括管理用房、农资仓库、采收包装场所、冷库、配药池等。有条件的还可做养殖场规划，实行果、牧有机结合。小型果园可只设库房、工棚等。

三、桃树栽植

1. 栽植时期

桃树在自然休眠后至春芽萌动前(12月初至翌年2月中旬)均可栽植，即以初冬栽植为宜。该时期栽植对根的影响小。由于离萌芽时间长，根系与土壤密结程度高，当地温回升至5℃时根系就能活动，有利于早发新根和地上部的正常发芽。在上海地区，从苗木落叶后即可种植，要求春节前种植完毕，最迟不超过2月下旬。由于早种比迟种有利于植株的生长发育。北方地区冬季严寒、干旱和风大，秋栽苗木易冻死或抽条，故宜春栽，栽植时间一般为3月下旬至4月中旬。

2. 栽植方式

桃树生长快，枝叶多，结果早，寿命短。具体栽植方式要根据气候、土壤、地势、品种特性、管理水平等确定。

(1) 长方形栽植：行距大于株距，其优点是通风透光良好，便于耕作，尤其是机械化操作。采用三主枝自然开心形时，常用3 m×5 m、4 m×5 m或4 m×6 m；采用"Y"形时，常用2 m×5 m或2 m×6 m。

（2）双行带状栽植：两行宽、一行窄，窄行间铺地膜或地布，主要用作密植栽培。

① 普通双行带状：一般株距 3～4 m，窄行 3 m，宽行 6～7 m。

② 斜生双行带状栽植：株距 1 m，窄行 0.5～1 m，宽行 4～6 m，窄行间铺地膜或地布。采用斜栽或拉枝的方法，使单株斜生，与水平线基角成 60°，梢角成 80°。

③ 一边倒栽植：株距 1 m，行距 4～6 m。采用斜栽或拉枝的方法，使单株斜生，与水平线基角成 60°斜向上生长。主要用于严寒地区埋土栽培。

④ 等高栽植：山地果园一般用等高栽培，即桃树不一定呈直线排列，而是沿等高线栽植，相邻两行不在同一水平面上，但行内距离保持相等。

3. 栽植技术

（1）挖定植穴（沟）：定植穴长宽深均为 60 cm，表土和深层土分开放置。株距 2 m 及以下时，不宜挖穴，可用沟机直接挖定植沟。

（2）施底肥：底肥应使用商品有机肥，每穴 20～25 kg，与表层土混合后回填，回填后用深层土做成 1 个高 25～30 cm 的畦面。也可全园施 3 000 kg/667 m² 以上商品有机肥后，耕翻入土。

（3）苗木处理：栽植时先检查桃苗质量，发现有检疫性病株应全部淘汰并销毁。成苗栽植时应去除嫁接薄膜，以免幼树生长时，薄膜陷入木质部而影响养分输送；芽苗嫁接时，薄膜不能去除。桃苗主根需剪去 1～2 cm，尤其是受伤或霉烂根系，超过 30 cm 长根系适当剪短。为促进根系生长、提高桃苗存活率和生长势，栽植前可用生物菌剂、碧护及防治根癌病的杀菌剂处理。

（4）高标准栽植

① 拉线栽植：拉线栽植可保证树行纵、横、斜 3 个方向均成一条直线，园貌整齐壮观。

② 栽植桃苗：在定植墩中心挖小穴，将桃苗垂直放在小穴内，使根系自然舒展，把细土填入根间，周边压实，并把嫁接口露出土面进行培土。填土时切忌架空，应使根系与土壤充分密结。栽植深浅以苗木原来的土痕稍高于畦面为宜，避免栽植过深。栽植后浇透

水,遇干旱应及时补浇 1 次,以保持土壤湿润。

③ 定干:壮苗,根系好、苗木粗、芽饱满的可不定干;弱苗,应在饱满芽处剪截定干;芽苗在新梢长到 55～60 cm 时及时定干。

④ 插竿:待浇水渗下去后,在苗的背面插一竹竿,用粗绳按"8"字形绑缚苗干,以防磨损树皮。

⑤ 铺地膜:顺树行铺 1 m 宽地膜,注意在树干与薄膜穿透处堆一小堆土,防止膜下热空气灼伤树干。覆膜可以保温、保墒,促进早发芽、早展叶,提高成活率。也可以采用地布覆盖,具有与铺地膜相同效果。

四、栽植后的幼树管理

1. 定干

为方便以后树下机械操作,定干高度为 60～80 cm,剪口下 15～30 cm 为整形带,要有 5～10 个饱满芽,以便培养主枝。主干形不要定干,疏去分枝即可。芽苗栽后即可剪除接芽以上的砧木,剪口位置在接芽上方 0.5～2 cm 为宜。留桩过高,影响愈合,形成死茬;留桩过低会使接芽风干枯死。也可在接芽上方 10 cm 处剪砧,培养主干形时当作临时支柱使用。

2. 检查成活情况

如果定植芽苗,砧木上的萌蘖与接芽争夺养分,要及时剪除萌蘖,关键时期是 4～5 月。除萌蘖是一项细致的作业,切勿将接芽误当砧木除去。如接芽死亡,可选留 1 个强壮的萌蘖作为新砧木培养,待秋季补接。

3. 摘心

芽苗定植后,当新梢长至 60 cm 左右时,若选用"Y"形或三主枝开心形树形,可摘心定干,即选取两主枝或者三主枝,其余摘心控制。

4. 补缺

萌芽后进行全园检查,对确已死亡的,在阴雨天用预备苗带土补栽。

5. 立竹竿绑缚

主干形的延长头一定不能歪,否则下部枝条生长紊乱。"Y"形和开心形的主枝开张角度要合理,如没有竹竿牵引,很容易出现主从不分或主枝弱化而被其他分枝代替。

6. 肥水管理

(1) 前促:从桃苗定植到 7 月上旬,加强肥水管理,促使树冠快速生长,形成较理想的树冠。当苗木新梢长到 10～20 cm 时,每 15 d 追施 1 次肥。6 月前,一般每次株施尿素 50 g,后期每次株施三元复合肥 50～100 g。施肥后及时浇水,2 d 后松土保墒,增加土壤透气性。有条件的可选用水溶性肥料进行滴灌。结合喷药,可叶面喷施尿素或氨基酸 300 倍液。至 7 月底,一般可以形成比较理想的树冠。

(2) 后控:7 月下旬开始控水控肥,抑制营养生长,促使幼苗由营养生长向生殖生长转化,形成数量多、质量好的花芽。8 月上旬,新梢必须停止生长。要达到这样的效果,采取的措施主要有:①停止浇水和施肥;②8 月后,如枝条徒长,可喷洒 PBO 调控;③后期为提高花芽质量、增加树体养分积累,可叶面喷施 0.3%～0.5%磷酸二氢钾 2～3 次。

通过前促后控的技术措施,栽植当年树形基本形成,并且形成大量花芽,第 3 年开始结果。

7. 病虫和灾害预防

幼苗期主要防治叶部病虫害,尤其是梨小食心虫和细菌性穿孔病。

一般幼树当年枝条充实度较差,越冬能力弱。在土壤结冻前应灌 1 次水,以提高土壤湿度;进行枝干涂白是非常必要的防病虫措施;树盘内覆盖地膜,以提高地温。

第二章　桃优良品种

一、新凤蜜露

【图版1】

"新凤蜜露"为上海市浦东新区新场镇（原南汇区新场镇）果园村选育的优良品种，是浦东新区主栽品种之一。

该品种树势强健，树姿开张，定植后第3年开始结果。3月底至4月初开花，有花粉，自花结实率高。丰产性好，大小年不明显。7月下旬成熟。

果形整齐、近圆，平均单果重180 g，最大果重400 g。果皮乳黄色，向阳面鲜红色。果肉乳白色，汁多，可溶性固形物含量13％以上，味浓甜，有香气，粘核，品质上等。

二、湖景蜜露

【图版1】

"湖景蜜露"为江苏省无锡市桃农邵阿盘在"基康"桃园中发现的中熟桃品种。

树势中等偏强，树姿半开张。枝条分布均匀，各类果枝均能结果，丰产、稳产。花芽起始节位低，复花芽多。叶长椭圆披针形，蜜腺肾形,花蔷薇形,有花粉。果实生育期 113 d,在江苏无锡地区 7月中旬果实成熟。

果实圆形,纵径 6.7 cm,横径 7.0 cm,侧径 7.3 cm;平均单果重180 g,最大果重 350 g。果顶圆平略凹入,缝合线浅,两半部对称,果形整齐;果皮乳黄色,果面大部分着红晕,皮易剥离,茸毛中等。果肉白色,肉质柔软,组织致密,纤维少,汁液多;风味浓甜,有香气;粘核。可溶性固形物含量 13.7%,可溶性糖含量 9.90%,可滴定酸含量 0.32%,每 100 g 中维生素 C 含量达 8.94 mg。

从"湖景蜜露"中选出的大果型芽变性状与原品种相仿,但平均单果重 220 g,最大果重可达 500 g。果皮乳黄色,向阳面有红晕,外观甚美。皮易剥,肉致密,汁多,可溶性固形物含量 13% 以上,有香气,半离核,品质佳。

三、大团蜜露

"大团蜜露"是上海市浦东新区大团镇(原南汇区大团乡)果园在以"太仓水蜜"为主要品种的桃园中选出的中熟桃品种。

树势生长强健,树姿半开张。发枝力强,幼树生长较直立,以长果枝结果为主;盛果期各类果枝均能结果,但以中果枝和短果枝结果为主。叶宽披针形,蜜腺肾形,花蔷薇形,无花粉。果实发育期约101 d,在上海地区 7 月下旬至 8 月上旬果实成熟。

果实近圆形,纵径 7.1 cm,横径 7.2 cm,侧径 7.6 cm;平均单果重 250 g,最大果重 565 g。果顶圆平、稍凹,缝合线深,两半部较对称;果皮底色黄绿,果顶及阳面着红霞,茸毛短稀,果皮不易剥离。果肉白色,近核处稍有红色,肉质致密,较耐贮运,纤维中粗,汁液中等;风味甜浓,香气淡;粘核,多雨年份有少量裂核现象。可溶性固形物含量 13.2%,可溶性糖含量 8.62%,可滴定酸含量 0.18%,每100 g 中维生素 C 含量达 6.96 mg。

四、玉露蟠桃

"玉露蟠桃"原产浙江奉化,在浙江、上海、江苏等地栽培较多,西北、华北等地有零星种植。

树势生长、萌芽力、成枝力均中等。长、中、短果枝均可结果。花芽起始节位为第 1~2 节,复花芽多。生理落果重,丰产性中等。抗病能力较一般蟠桃为好。叶片为狭披针形,蜜腺肾形,花蔷薇形,有花粉。果实发育期约 120 d,在上海地区 8 月上旬果实成熟。

果形扁平,纵径 3.92 cm,横径 6.45 cm,侧径 6.48 cm;平均单果重 102 g,最大果重 125 g。果顶凹入,缝合线深,两半部较对称;果皮色泽乳白,顶部和阳面有玫瑰红点或晕。盖色面积占 50%~75%,质地较厚韧,易剥离。果肉乳白色,近核处带红色多,肉质柔软,纤维中等,汁液多;风味甜浓,富有芳香;粘核。可溶性固形物含量 15.6%,可溶性糖含量 8.96%,可滴定酸含量 0.11%。

五、锦绣

"锦绣"是上海市农业科学院杂交育成的晚熟黄肉桃品种。

树势中等偏强,树姿半开张。花芽起始节位低,为第 2 节,复花芽多,丰产性好。叶片宽披针形,蜜腺肾形,花蔷薇形,有花粉且量多。该品种开花迟,不易受晚霜和早春低温危害。果实生育期约 133 d,在上海地区 8 月中下旬果实成熟。

果实圆形或椭圆形,平均单果重 260 g,最大果重 325 g。果顶圆平,缝合线浅而明显,两半部较对称;果皮金黄色,套袋果实很少着色,茸毛中等,皮较厚,熟果可剥离。果肉金黄色,近核处微带红色,肉质厚,较致密,成熟后柔软多汁,纤维中等,为硬溶质;风味甜微酸,香气浓;粘核。可溶性固形物含量 11%～13%,成熟果可达 16%～17.5%,可溶性糖含量 10.8%,可滴定酸含量 0.32%,每 100 g 中维生素 C 含量达 4.97 mg。

六、白凤

【图版 1】

"白凤"是日本品种。由神内川农业试验场于 1924 年杂交育成的中熟桃品种,原名"Hakuho"。亲本为"白桃"×"橘早生"。

树势生长中等,树姿开张。长、中、短果枝均能结果,极丰产。复花芽多,坐果率高,采前生理落果轻。叶长椭圆披针形,蜜腺肾形,花蔷薇形,有花粉且量多。果实发育期约 91 d,上海、南京地区果实 7 月上旬成熟。

果实近圆形,纵径 5.6 cm,横径 5.8 cm,侧径 5.8 cm;平均单果重 125 g,最大果重 150 g;果顶圆平微凹,顶点常有小凸起,缝合线浅,两半部不对称,果形略有不正;果皮乳白色,顶和阳面覆盖红色条纹,熟果可剥皮,茸毛中等。果肉乳白色,近核处稍带淡红色,肉质细,致密,纤维中等,汁液多,为硬溶质;风味甜,具香气;粘核。可溶性固形物含量 11%左右,可溶性糖含量 8.66%,可滴定酸含量 0.22%,每 100 g 中维生素 C 含量达 4.34 mg。

七、玉露

"玉露"是浙江奉化从上海引入的"尖顶水蜜桃"经改良而成,为我国著名水蜜桃品种。

树势强健,树姿开张。各类果枝均能结果,但以长果枝为主。花芽起始节位为第 2 节,复花芽多,丰产、稳产。叶片长椭圆披针形,蜜腺肾形,花蔷薇形,有花粉且量多。果实生育期约 110 d,在杭州地区 7 月底 8 月上旬果实成熟,在南京地区 8 月上旬果实成熟。

果实圆形,纵径 6.4 cm,横径 5.8 cm,侧径 5.8 cm;平均单果重 150 g,最大果重 180 g。果顶圆平微凹,缝合线浅,两半部较对称;果皮淡黄绿色,阳面分布红晕,茸毛中长而密,果皮韧性较强,易剥离。果肉乳白色,近核处紫红色,肉质细密、柔软,略有纤维,汁液多,为典型的软溶质;风味甜,香气浓;粘核。可溶性固形物含量 14% ~ 16%,可溶性糖含量 13.14%,可滴定酸含量 0.25%。

八、川中岛

"川中岛"是日本品种。长野县池田正元氏育成的晚熟桃品种,原名"Kawanakajima Hakutou"。

树势中等,树姿半开张。长、中、短果枝均能结果,复花芽多,较丰产。叶片宽披针形,蜜腺肾形,花蔷薇形,无花粉。果实发育期约 129 d,南京地区果实 8 月上旬成熟。

果实近圆形,纵径 6.6 cm,横径 6.9 cm,侧径 7.4 cm;平均单果重 188 g,最大果重 250 g 以上。果顶圆平微凹,缝合线中,两半部对称;果皮乳白色,着粉红色晕,外观美丽,茸毛中等,皮厚、韧性强,熟果可剥皮。果肉乳白色,近核处稍带红色,纤维中等,汁液中等,肉质致密,耐贮运;风味甜,有香气;粘核。可溶性固形物含量 13.1%,可溶性糖含量 7.87%,可滴定酸含量 0.32%。

九、仓方早生

【图版 1】

"仓方早生"是日本品种。原名"Kurakatowase",其亲本为"长生种"("塔什干"×"白桃")×实生种(不溶质的早熟桃)。1968 年引入我国。

树势强健,树姿半开张。各类果枝均能结果,产量中等。叶为长椭圆披针形,蜜腺肾形,花蔷薇形,无花粉。果实发育期约 90 d,在南京地区 7 月上旬果实成熟。上海地区,叶芽萌动期为 3 月下旬,4 月初为露红期,4 月上旬为初花期,花期持续 7 d 左右,4 月下旬为展叶期。4 月下旬花萼脱落,6 月下旬果实成熟。从盛花到果实成熟 75 d 左右,11 月中旬为落叶期。

果实近圆形。纵径 6.3 cm,横径 6.3 cm,侧径 6.8 cm;平均单果重 200 g,最大果重 245 g。果顶圆平,有时微凹,缝合线浅,两半部较对称;果皮黄绿色,果顶及阳面覆盖 75% 的红晕。茸毛密,果皮厚,难剥皮。果肉白色带红色,肉质致密,纤维较粗,汁液中等。硬溶质;风味甜酸适中,有香气;粘核。可溶性固形物含量 8% ~ 12%,可溶性糖含量 7.87%,可滴定酸含量 0.17%,每 100 g 中维生素 C 含量达 4.7 mg。

十、塔桥一号

"塔桥一号"是上海市嘉定唐行塔桥村选育的品种,故名。

在上海地区,叶芽萌动期为 3 月下旬,3 月末为露红期,4 月上旬为初花期,花期持续 7 d 左右,4 月下旬为展叶期。4 月下旬花萼脱落,7 月中旬果实成熟。从盛花到果实成熟 105 d 左右,11 月中旬为落叶期。

果实近圆形,整齐,缝合线浅,两侧较对称,果顶圆凸。平均单果重 175 g,最大果重 210 g。可溶性固形物含量为 12% ~ 14%。粘核,不裂。

十一、锦香

【图版 2】

"锦香"原代号为"沪020",系上海市农业科学院林木果树研究

— 13 —

所以"北农2号"为母本、60-24-7为父本杂交,并经离体胚珠培养选育而成。2004年8月通过上海市农作物新品种审定委员会审定。

在上海地区6月底成熟,果实生育期80d左右。该品种为优质早熟的鲜食、加工兼用型品种,果型较大。无花粉,须配置授粉树或人工授粉。

果实圆形、整齐。平均单果重193g左右,大果重270g。果皮底色金黄,茸毛少,充分成熟时可剥皮。果肉金黄色,硬溶质。可溶性固形物含量9.2%~11%。粘核。

十二、浅间

"浅间"是20世纪80年代从日本引进的品种。

在上海地区,叶芽萌动期为3月下旬,4月初为露红期,4月上旬为初花期,花期持续7d左右,4月下旬为展叶期。4月下旬花萼脱落,7月中旬果实成熟。从盛花到果实成熟105d左右,11月中旬为落叶期。

该品种树势中等,树姿开张。无花粉,须配置授粉树。果实近圆形、整齐,缝合线浅,两侧较对称,果顶圆凸。平均单果重200g,最大果重250g。成熟时果面底色黄白色,表色红色,茸毛粗、密。果皮易剥离,果肉白色,肉质软溶,汁液多,味浓甜,无苦涩味,香味淡。可溶性固形物含量为13%~15%。粘核,不裂。

十三、晚湖景

晚湖景又名"阳山86-2",系"湖景蜜露"的芽变品种。

该品种树势强,树姿开张。果实成熟期8月中旬。

果实近圆形、整齐,缝合线浅,两侧不对称,果顶圆凸。果型大,平均单果重 200 g,最大果重 380 g。成熟时果面底色绿色,表色红色,茸毛细、密。果皮易剥离,果肉白色,近核处红色,软溶质,汁液多,味浓甜,无苦涩味,香味淡。可溶性固形物含量 12%～14%。粘核,不裂。

十四、丹霞玉露

【图版 2】

"丹霞玉露"是浙江省宁波市奉化区水蜜桃研究所以"湖景蜜露"×"上山大玉露"杂交选育的新品系。

该品种树势较强健,树姿半开张,萌芽力和成枝力较强。各类果枝均能结果,以中果枝和长果枝结果为主。花芽形成好,复花芽多,自花授粉结实率高。宁波奉化地区 6 月下旬成熟,是主推的早熟品种。目前奉化地区种植面积超过 200 hm^2。

果实圆形,果顶平,平均单果重 218 g,最大果重 367 g。果皮底色淡黄绿色,充分成熟后全果霞红,着色一致,全果密被茸毛。果肉乳白色,肉质细软,汁液多,浓甜芳香,品质优。完熟时果皮易剥离,近核处粉红色。粘核。可溶性固形物含量 13.2%～15.5%。

十五、加纳岩

【图版 2】

"加纳岩"是日本山梨县选育的浅间白桃芽变种。

6 月下旬成熟,中早熟品种,树势中等稍直立,花芽着生良好,花粉多,自花结实率高,丰产性好,第 4 年株产 28 kg。

果实扁圆形,果面全红,果肉白色,肉质软密,汁多,味道浓甜,品质极优。平均单果重 200~250 g,最大果重 450 g,可溶性固形物含量 12%~14%。粘核。果实发育期 75 d。较耐贮运。

十六、旭露 A

"旭露 A"是从日本引入的新品种。

在上海地区,叶芽萌动期为 3 月下旬,4 月初为露红期,4 月上旬为初花期,花期持续 7 d 左右,4 月下旬为展叶期。4 月下旬花萼脱落,6 月底至 7 月初果实成熟。从盛花到果实成熟 90 d 左右,落叶期为 11 月中旬。

7 月初果实成熟,果实近圆形、整齐,缝合线浅,两侧对称,果顶圆凸。果个大,平均单果重 200 g,最大果重 285 g。成熟时果面底色绿色,表色鲜红色,茸毛细、密。果皮易剥离,果肉白色,软溶,汁液多,味甜,无苦涩味,香味淡。可溶性固形物含量 12%。粘核,不裂。

十七、春晓

【图版 2】

"春晓"是从日本引进的中熟水蜜桃新品种。

该品种树势中等,树姿较开张。花为蔷薇形,花瓣粉红色,有花粉,自花结实能力强。皮孔大,数量中等。在上海地区,叶芽萌动期为 3 月下旬,4 月初为露红期,4 月上旬为初花期,花期持续 7 d 左右,4 月下旬为展叶期。4 月下旬花萼脱落,7 月中旬果实成熟,比"大团蜜露"早熟 3~5 d。从盛花到果实成熟 110 d 左右,落叶期为 11 月中旬。

果实近圆,平均单果重 210 g,最大果重 325 g。果顶圆平,果形对称。近核无色,肉质松软,汁液多,风味甜。可溶性固形物含量12%~14%。粘核,不裂。

十八、红清水

"红清水"是日本冈山县在清水白桃中选育的早熟红色芽变中熟品种。

嘉兴地区7月下旬至8月初成熟。该品种自花结实率高,丰产、稳产,应加强疏果套袋工作。在上海地区,叶芽萌动期为3月下旬,4月初为露红期,4月上旬为初花期,花期持续8d左右,4月下旬为展叶期。4月下旬花萼脱落,7月15日左右果实成熟。从盛花到果实成熟110d左右,11月中旬为落叶期。

果实圆形或扁圆形,果皮底色为白色,果面着带状红色,十分美观。平均单果重175g,最大果重240g。肉质致密,味浓甜,可溶性固形物含量12%~14%。

十九、新玉

【图版2】

"新玉"是浙江省宁波市奉化区水蜜桃研究所从"玉露"桃营养系中选出的优良单株。2012年通过浙江省林木品种审定,是宁波市奉化区中熟水蜜桃的主推品种。

树势强健,树姿半开张。各种果枝均能结果,以中长果枝结果为主,花芽形成好,复花芽多,花粉多,自花结实率高,丰产性好,果实7月下旬至8月初成熟。

果实卵圆形或圆形,果顶平。果皮底色浅黄白色,皮易剥离,充分成熟后全果呈粉红色,着色一致,艳丽美观。平均单果重181g,

最大果重 398 g。果肉乳白色,肉质细软,汁液多,风味浓甜芳香,品质优。可溶性固形物含量 13.5%～15.5%。粘核。

二十、清水

【图版 2】

"清水"是由浙江嘉兴南湖区林业与蚕桑站和浙江大学 2002 年共同从日本引进。

果个大,质优,有花粉,产量稳定。果实近圆形。平均单果重 200～210 g,最大果重 310 g。肉质松软,汁多,风味甜,有香气。可溶性固形物含量 12%～15%。

7 月下旬成熟,比"大团蜜露""湖景蜜露"晚 7～10 d,果实发育期 128 d。外观漂亮,性状优异,与"新凤蜜露"配套种植,可有效延长鲜果供应期,有较大的推广价值。

二十一、白丽

"白丽"幼树直立,成年树开张,树势中等,各类果枝均能结果,但复花芽比例较低,有花粉,较丰产。8 月中、下旬果实成熟。

果实圆形,个大,果形整齐,果肉白色,果皮底色乳白,果面分布少量红晕。平均单果重 210 g,最大果重 383 g。肉质细韧,汁多,味浓甜,有香气。可溶性固形物含量 13.5%～16.5%。粘核。

二十二、油蟠桃

"油蟠桃"又名"李光蟠桃",是由中国农业科学院郑州果树研究所、甘肃省农业科学院园艺研究所、陕西省果树研究所等6个单位于1977—1978年组成的西北桃考察组,在甘肃省金塔县园艺场发现。1977年引入中国农业科学院郑州果树研究所桃种质资源圃保存。

树势生长强健,树冠大。花芽起始节位为第3~4节,复花芽多。叶为宽披针形,蜜腺肾形,花蔷薇形,花粉多。果实发育期约143 d,在郑州地区8月下旬果实成熟。

果实扁平形,纵径2.82 cm,横径4.67 cm,侧径4.95 cm。平均单果重38 g,最大果重53 g。果顶微凹,缝合线中,两侧对称;果皮绿白色,有紫红色晕,无茸毛;皮薄、难剥离;在郑州有裂果现象。果肉乳白色,近核处少有红色,肉质细韧,纤维少,汁液中,为不溶质;风味甜酸,微香;粘核。可溶性固形物含量15%,可溶性糖含量10.59%,可滴定酸含量1.14%,每100 g中维生素C含量达22.44 mg。

第三章　育苗技术

一、育苗地选择

1. 地点

苗圃应建在桃树生产的主产区,且要求交通方便、离生产地区尽可能近,以降低运输可能造成的苗木生活力下降和运输费用,从而保证低成本、高质量、安全生产。

苗圃的建址应选择地势平坦、水源方便、排水良好、地下水位1.0～1.5 m、背风向阳的地块。

2. 土壤

苗圃的土壤以土层深厚、肥沃、疏松、pH 4.6～7.0 的砂壤土、壤土、轻黏壤土为宜。老果园,特别是老桃园,不能用作苗圃。因为老桃园中残留的根系水解后产生氢氰酸和苯甲醛等有毒物质,对新根造成伤害,抑制苗木生长;重茬园病虫多,尤其容易感染桃树根癌病菌、南方根结线虫。此外,在老果园育苗还容易出现营养缺乏,严重的可能导致苗木死亡。前茬种植西瓜、番茄、辣椒等作物的砂壤土地不宜育桃苗,因在这种环境中育苗容易加重根结线虫病的发生。

二、砧木的培育

1. 常用砧木品种

(1) 毛桃:为南方主要砧木,适于南方温暖多湿气候。其特点是与栽培桃亲和力强,嫁接后成活率高,根系发达,吸收养分能力强,耐干旱,耐瘠薄,结果性能良好。但在黏重、通气性差的土壤上种植,流胶病较严重。

(2)山毛桃:为北方主要砧木,适于干燥冷凉气候。其特点是与栽培桃嫁接容易成活,主根大而深,细根少,耐旱、耐寒力强。但在温暖湿润地种植,往往生长和结果不良,易发生流胶病,故不宜作南方桃砧木用。

(3)扁桃:适用于温暖干燥地区,但易发生根癌和根腐病,在石灰性土壤和轻盐渍土壤上可以采用。

(4)李:适于冷凉气候,具有矮化作用,但易发生根蘖,更新时树势恢复困难。这种砧木适于黏重、潮湿的土壤,在干旱、疏松的土壤上表现不良。

(5)毛樱桃:具有矮化、早结果、抗寒等特点,但嫁接口附近有"小脚"现象,树势弱,易早衰死亡。

2. 砧木的培养

(1)种子的采集和后熟:种子好坏直接影响砧木苗的质量。一般以果实充分成熟时采种为宜。除早熟种因种胚发育不完全、内部养分不足、生活力弱、发芽率低、不宜采种外,中、晚熟种都可采种。最好在生长健壮、无病虫害的优良母株上采收饱满成熟的果实,采下的果实堆高至 40～50 cm,经 10～15 d 堆放。堆积时要经常翻动,以防果实发热和因缺氧而降低种子生命力。待果肉软化腐熟后揉碎,取出种子,洗净后放于干燥通风的室内,留作种用。

种子采集后,若春播,必须在播前进行层积处理(即沙藏处理)。通常用细沙作层积材料。沙藏方法简便易行,按 1 份核、10～15 份沙的比例混合堆放。沙湿度掌握在紧握成团、轻触即散为宜。种核少时可放入箱、盆中沙藏,置于阴凉处。种核多时,可选择排水良好的背阴地段挖沟存放,沟深 60～70 cm,长、宽视种子量而定。可采用分层沙藏或将种子与沙混合一起存放,当堆至离地面10 cm 时,覆盖湿沙,然后用土培成脊形。在沟四周应挖排水沟,以防雨、雪水流入,沟中还应直插 1～2 束稻麦秆,以利通风。层积中要定期翻动检查,并调整沙的干、湿度。在鼠害严重的地方,必须采取防鼠措施,以减少种子的损失。后熟期的长短应根据所用砧木品种、种核大小而异。在有效低温内,各砧木品种所需层积天数见表 3-1。

表 3-1　桃砧木所需低温处理的情况

种类	采收时期	处理天数/d	处理温度/℃
山桃	7~8 月	90	4~7
毛桃	8 月	90	4~7
杏	6 月下旬至 7 月中旬	60	5
扁桃	9 月	20~30	7
李	7 月	60~100	2~7
毛樱桃	6 月	75~100	4~5

　　(2) 播种和培育:桃核播种分秋播和春播两个时期。秋播不用层积沙藏,南方常在 10~11 月播种。春播在采种的第 2 年(惊蛰之前)进行,播前需经沙藏处理,才能达到发芽早、出苗率高的目的。毛桃核 250~300 粒/kg,一般行距 20~40 cm,株距 5~10 cm,条状单粒点播,播种深度 3~4 cm。每 667 m² 播种量:毛桃为 50~75 kg,山毛桃为 40~50 kg。播种也有先做苗床,将桃核撒播,然后覆土 3~5 cm,于春节前后在苗床上架一塑料小棚,以增温保湿,并促进早出苗、早移栽,移后圃地缺株少,生长均匀一致。若加强肥水管理,于夏季即可达到嫁接标准。

　　砧木苗的繁殖和培育要选用地势平坦、排水良好、没有山洪冲击、未经连作的砂壤土或壤土作圃地。圃地需经深耕、施肥、整地、作畦、开沟后,方可播种。苗期管理要精细,做到及时除草、松土、排灌、施肥、抹芽除萌、防治病虫等,方能使砧苗在当年达到嫁接要求。夏旱时,嫁接前 3~5 d 充分灌水,使皮层软化,以利剥离。

三、苗木嫁接方法

1. 接穗的采集

从母本园纯正、优良、健康的植株上,选用树冠外围健壮充实的枝条,剪去上部较嫩部分和基部瘪芽部分。接穗最好随接随采。

(1) 夏初接穗:夏初采集的接穗新梢木质化程度低,剪下后立即去掉上部嫩梢,以减少水分蒸发,并迅速在盛有凉水的水桶中浸蘸,放在阴凉处,然后去掉叶片,立放在盛有深 30 cm 左右清水的容器中。打捆,标记品种,放在阴凉处,用湿布或湿麻袋盖上。未用完的接穗用湿布包裹,吊在水井、枯井中或放在 15 ℃ 左右的冷库中保存,第 2 天继续使用。

(2) 夏秋接穗:夏天、秋天采集的接穗比较充实,去掉叶片后立放在盛有深 10 cm 左右清水的水盆中,上盖一湿布或湿麻袋即可。

(3) 冬春接穗:冬季、早春结合修剪,采集 1 年生的健壮枝条,用于初春嫁接或根接。春季嫁接时最好早春采集,接穗更新鲜,成活率高。按每 50～100 枝 1 捆、挂上标签进行贮藏,春天桃树发芽时供嫁接使用。贮藏方法:①沟藏。在土壤结冻之前,选背阴的场所挖沟,沟宽、沟深各 1 m,长度根据接穗数量而定。将接穗立于沟中,填入湿沙,充分摇晃接穗,使湿沙尽可能灌入捆中,填平,每 2 m 左右插 1 把秸秆,以利透气,上盖 10 cm 左右的湿土,寒冷地区盖土更厚一些。早春温度回升后扒开覆土,检查是否萌动。②窖藏。把接穗放在低温的地窖中存放,立放,灌湿沙,上端露出,温度 0～2 ℃。③冷库贮藏。将枝条用清水冲洗干净,每 50～100 枝 1 小捆,垂直放入塑料袋中。根据塑料袋的大小,按品种 500～1 000 枝装 1 袋,再放入蘸湿的报纸或卫生纸,然后扎口。冷库温度控制在 -5～2 ℃。

春季天气干旱或干旱地区,嫁接前将接穗封蜡,可以显著提高嫁接成活率。根据嫁接要求,接穗清洗后剪成小段。把熔点 60～70 ℃ 的工业石蜡放在容器中(如烧杯),再把容器放在水浴锅或一般家用做饭的锅中水煮,使石蜡融化,即可封蜡。手持接穗小段基部,快速插入并快速取出,然后再蘸另一端,使整个接穗表面蒙上一层薄薄的石蜡。石蜡温度过高或浸蘸时间过长,会造成芽和皮层受伤;石蜡温度低,导致蘸层厚,易发生裂痕脱落,会失去保水作用。

2. 嫁接方法

(1)芽接:采用单芽作接穗,节省接穗材料,嫁接速度快,成活率高。按取芽的方法不同,分为"T"形芽接、方块形芽接、带木质芽接。

① "T"形芽接:"T"形芽接需要在砧木和接穗都能离皮时嫁接,一般在 5 月底至 9 月初进行。先在接芽上方 0.5 cm 处横切一刀,深达木质部,然后从芽的下方 1.5 cm 处用锋利的芽接刀向上方推削,深入木质部约 1/3,刀片到达横切刀口时停止,然后用左手拇指和食指掰下盾形芽片。在砧木基部离地 10~15 cm 处的光滑部位先用芽接刀横切一刀,再纵切一刀(长约 1 cm),将接芽插入"T"形口内,使接芽上端与砧木横切口贴紧,然后用塑料条绑严。

② 方块形芽接:在接芽上、下约 0.7 cm 处横切一刀,再在左右两侧纵切一刀,取下芽片。砧木用同样的方法去掉同样大小的方块,再把接芽贴上去,然后用塑料条绑严。

③ 带木质芽接:带木质芽接有嵌芽接和带木质"T"形芽接两种。嵌芽接常在砧木、接穗不离皮时采用。方法是在接芽上方 0.8~1 cm 向下斜削一刀,再在芽的下方 0.6~0.8 cm 处向下斜切一刀,角度大于上刀,形成马蹄形。砧木同样处理,把芽片嵌在砧木上,四周对齐。如果接芽小,砧木粗,至少要有一侧与砧木的形成层对齐,然后用塑料条包严。带木质"T"形芽接与"T"形芽接的切削方法相同,只是连木质部一起取下。砧木同样用芽接刀处理,将接芽插入"T"形口内,使接芽上端与砧木横切口贴紧,然后用塑料条绑严。

(2)枝接:枝接就是把 1 芽或数芽的枝条嫁接在砧木上,通常在接穗、砧木不离皮时采用。枝接苗生长快,但接穗使用量大。常用的枝接方法有劈接、切接、单芽切腹接。

① 劈接:在枝条下部芽的左右两侧各斜削一刀,削面长度 2~

3 cm，削面要平滑，形成一侧稍厚而另一侧稍薄的形状。插入砧木时厚侧在外，接穗厚侧的形成层与砧木的一边形成层对齐，上露白 0.3～0.5 cm，以利愈合。最后用塑料薄膜绑扎，留 2～3 芽剪掉接穗，或先统一把接穗剪成 3～4 芽一段，再切削。

② 切接：当砧木较粗而接穗较细时采用。把接穗下部芽一侧斜削一刀，长约 3 cm；削面对侧的基部斜削一刀，长约 1 cm。砧木在中心偏外略大于接穗粗细的地方向下纵切，然后插入接穗，使大削面与切口内侧的形成层对齐，留白，然后绑扎。

③ 单芽切腹接：接穗下部一侧斜削一刀，长约 2 cm；侧基部斜削一刀，长约 1 cm。砧木斜切或用快剪剪成略长于接穗长削面的斜口，再插入接穗，使长斜面的形成层与砧木的形成层对齐，然后绑扎。削接穗时最好使插入后芽的方向朝上。

（3）根接：根接通常在冬季农闲进行。一般根的粗细小于接穗的粗细，所以习惯上称为倒劈接、倒腹接等，即把根看作接穗用。切削方式同接穗。嫁接好后用湿沙分层堆藏，以促进愈合，待开春后移植到苗圃。

四、嫁接苗的管理

1. 落剪、除杈和灌水

嫁接后立即在接芽上留 5～8 片叶落剪。对其他的分杈，较嫩的用手拽掉，老化的用剪子剪掉。作业时要尽量保护好叶片，及时清除剪下的残枝落叶等杂物。当天或第 2 天要及时灌水，注意避免用水冲接芽。

2. 检查成活与补接

一般嫁接半个月后即可检查，凡接芽芽体新鲜并且叶柄一碰就掉的即已成活，若芽片萎缩即未成活。对于未成活的，如果在可嫁接的时间内可补接。补接时应注意认真核对品种，确保补接相同品种，防止造成品种混杂。

3. 剪砧

当年萌发的新梢长到 10 cm 时剪砧,剪砧的位置在接芽上 0.5 cm 处。当年不萌发的,在第 2 年春季萌芽前剪。

4. 除萌(抹芽)

接芽萌发后及时除掉砧木上的萌芽及其上的枝条。除萌要进行 3~4 次。

5. 肥水管理

根据土壤墒情灌水,根据苗的生长情况每 667 m² 追施速效肥 20 kg。对于当年嫁接当年出圃的苗,要多浇几次水、多喷几次叶面肥,还要勤松土,以促进幼苗快速、健壮生长,以保证秋季达到出圃标准。

6. 病虫害防治

主要防治蚜虫、梨小食心虫、潜叶蛾、害螨、穿孔病等病虫害。

五、苗木出圃

桃苗落叶后即可出圃,一般在 11 月中旬至翌年 2 月陆续起苗出圃。为能及早调运和种植,提高苗圃地的利用率,以 11 月中、下旬起苗并进行假植,以后陆续出圃为好。起苗后应将苗木按品种、规格分类。出圃的苗木应符合以下要求(表 3-2)。

表 3-2 苗木质量基本要求

苗木等级	主干高度/cm	主干粗细/cm
一级苗	100 以上	0.8 以上
二级苗	70~100	0.6~0.8
三级苗	70 以下	0.6 以下

（1）在接口以上 40~60 cm 的整形带内有 6 个以上健壮芽,如果整形带内有副梢,则副梢上应有健壮的芽。

（2）砧穗接合部愈合良好,无裂口。

（3）主侧根有 3 个以上，根系分布均匀、舒展，有良好的根群，无根癌病。

（4）无显著机械损伤，无流胶病和其他病害。

（5）品种纯正，无机械混杂。

桃苗在起苗以后如不及时运输或种植，应按品种、分规格假植。假植时选择高燥、平坦、运输方便的地方开假植沟，沟深 50 cm 左右，将苗木成 45°角倾斜排列在假植沟内，每排列一行苗木堆一层土，埋土时只将苗木根部埋没即可。埋土后要适当浇水，以使根系保持一定湿度。

需要远运的苗木应妥善包装。包装以保护根系和芽（尤其是整形带的芽）为主要目的。在打包前根系要用浓泥浆浸沾，然后用草包、蒲包或稻草等材料包裹根部，以 50 株或 100 株为一捆，同时要挂好标签，标明品种、数量。

六、容器苗繁育技术

果树露地育苗，移栽树苗时通常带走大量泥土，致使苗圃地土层一年比一年薄，移栽时对根系也造成一定损伤。容器育苗也称轻基质育苗，不仅有效减少了农田表土流失，保持土壤肥力；而且容器苗占地面积较小，单位土地面积产出率大大提高，适合与无病毒苗木繁育体系相配套。

1. 育苗场地选择

育苗场地选择交通方便、水源充足、地势平坦、通风和光照良好、远离检疫性病虫害地区，且周围无环境污染。

2. 育苗设施

（1）温室：主要用于砧木繁育。在温室中繁育砧木，可延长砧木生长时间，促进砧木繁育进程，可缩短育苗周期。温室温度、湿度、土壤条件可人为调控。每个育苗点温室面积≥800 m²，温室门口设置消毒池和缓冲间。

（2）网室：在推广无病毒苗木繁育时，为保证采种母本树的无病毒化，要修建网室，用于采穗树的保存和繁殖。进出网室的门口设置消毒池和缓冲间。

（3）育苗容器：育苗容器有播种器、播种苗床和育苗桶 3 种。播种器、播种苗床用于砧木苗培育，育苗桶用于嫁接苗培育。播种器由高密度低压聚乙烯注塑而成，长 67 cm、宽 36 cm，设 96 个种植穴，穴深 17 cm。每个播种器可播 96 株苗，装营养土 8～10 kg。播种器耐重压，寿命 5～8 年。播种苗床可用水泥板、塑料或木板等制成深 20 cm、宽 100～150 cm、下部有排水孔的结构，苗床与地面隔离。育苗桶由线性聚乙烯吹塑而成，根据苗的质量标准要求，塑料育苗桶高≥38 cm，桶口直径≥12 cm，底面直径≥10 cm，底部设 2 个排水孔。这种育苗桶耐重压，使用寿命 3～4 年。

3. 容器育苗技术

（1）营养土的配制：营养土由粉碎草炭或泥炭、沙、蛭石、珍珠岩、腐熟锯木屑或橘渣等材料按一定比例混合配制，经高温蒸汽消毒或其他消毒法消毒后制成，土壤 pH 调至 5.5～7.0。氮、磷、钾等营养元素根据需要按适当比例加入。

（2）营养土消毒：将配制好的营养土用蒸汽消毒。消毒时间每次大约 35 min，升温到 100 ℃及以上保持 25 min。将消毒过的营养土堆在堆料房中，待冷却后即可装入育苗容器。营养土也可用甲醛溶液熏蒸消毒土壤；或将营养土堆成厚度不超过 30 cm 的条带状，用无色塑料薄膜覆盖，在夏秋高温强日照季节置于阳光下暴晒 30 d 以上。

（3）砧木：砧木种子要饱满，颗粒均匀。引进及购买的砧木种子必须经植物检疫部门检疫并出具植物检疫证书。砧木适应性很强，根系发达，表现抗旱、抗涝、耐瘠薄，与多数桃品种的接穗亲和力强。

（4）种子消毒：用 50%多菌灵可湿性粉剂 800 倍液浸种 12～15 h。

（5）播种方法：播前把温室和工具等用 3%来苏尔或 1%漂白粉消毒 1 次。在育苗床中播种时，把种子有胚芽的一端置育苗器营养土下，播后覆盖约 0.5 cm 厚营养土，一次性灌足水。也可播后用

70%敌磺钠与营养土均匀混合盖种，以盖严种子为度（约盖 0.5 cm 厚）。盖种用土的湿度以手握成团、放开手后散开为宜。

种子萌芽后每 1～2 周施 0.1%～0.2%复合肥溶液 1 次。注意对立枯病等病害的防治，要及时剔除病弱苗。

（6）砧木苗移栽与管理：当播种小苗有 4～5 片真叶时进行移栽。起苗前灌足水，以利起苗时不伤根。淘汰根颈或主根弯曲苗、弱小苗和变异苗等不正常苗。剪掉砧木下部弯曲根和过长根（超过育苗桶部分），育苗桶装入 1/3 营养土后，将砧木苗放入育苗桶中，用一只手把握根茎使主根直立，另一只手边装土边摇桶，栽好后压实根土、灌足定根水，第 2 天施 0.15%复合肥溶液，随后每隔 10～15 d 施 1 次 0.15%的复合肥溶液。

注意温室的温度控制，当中午温度达到 28 ℃时，应及时通气降温，以免高温烧苗。为防止苗床干旱，一般每隔 1 d 喷 1 次水。

（7）接穗来源与嫁接

① 接穗来源：接穗品种须来源明确、树体健康、品种特性稳定、结果性状良好。无病毒苗木嫁接用接穗必须来自无病毒网室或经鉴定机构抽查鉴定认可的室外母株。

② 嫁接方法：采用"T"形芽接和嵌芽接。

③ 嫁接后管理：包括除萌、肥水管理以及防治病虫害，其他管理可参照露地育苗。

4. 苗场疫情防控

严格控制人员进出温室、网室和育苗场。在进出苗场、温室、网室门口设置相应的消毒设施，对每次进入的人员及车辆进行严格消毒。所有进出苗场的繁殖材料均必须经过植物检疫。

5. 苗木出圃

苗木生长达到国家规定指标时即可出圃。出圃苗同时应满足：嫁接口愈合正常，已解除绑缚物，砧木残桩不外露；主干直，根系完整，根颈不扭曲，须根发达。苗木出圃时要清理并核对品种、砧木标签。

容器育苗直接带容器运输，苗木不需要特殊包装。栽植时轻拍塑料桶，带营养土取出苗木定植。其他管理与苗木质量标准参见露地育苗。

第四章　土肥水管理技术

一、土壤改良

大量的试验研究和生产实践证明,丰产优质桃园的土壤一般具有以下基本特征。①土壤有机质含量高:土壤有机质是土壤养分的贮藏库,能稳定而持久地供应多种营养元素,还能改善土壤理化性状和土壤结构。一般丰产优质桃园的土壤有机质含量应在1.5%以上。②土壤养分供应充足:丰产优质桃园土壤应该具备平衡、协调、充足供应桃树生长发育所需要的各种矿质养分的能力。③土壤通透性好:土壤既要有良好的通气性,又要有良好的保水能力。一般以土壤孔隙度 50% ~ 60% 比较适宜。④土壤酸碱度(pH)适宜:土壤酸碱度主要通过影响土壤养分的有效性而影响桃树生长发育。一般土壤 pH 6.5 左右时多数矿质养分的有效性都较高。

在建园前或桃树定植后应不断进行土壤改良,以维持和提高土壤肥力。

1. 深翻

(1)深翻时期:桃园一年四季都可以进行深翻,但应根据桃园具体情况与要求,因地制宜适时进行,并配合相应的措施,才会取得良好的效果。

① 春季深翻:在春季萌芽前及早进行深翻。春季萌芽前地上部尚处于休眠期,根系刚开始活动,生长较缓慢,但伤根后容易愈合

和再生。春季深翻后如遇干旱,应及时灌水。在干旱年份,无灌溉条件的桃园一般不宜在春季进行深翻。

② 夏季深翻:一般在新梢生长减缓或停止,根系前期生长高峰过后,于雨后进行深翻。夏季深翻能促进桃树发生新根,增加根量,而且断根容易愈合,并能促进雨水渗透,减少水土流失,保蓄土壤水分和除灭杂草。夏季深翻还能对幼旺树起到抑制生长的作用。夏季深翻不宜伤根过多,否则会削弱树势或引起落果,因此中、晚熟桃品种不宜在果实采收前进行夏季深翻。

③ 秋季深翻:一般在采果后结合秋施基肥进行深翻。秋季桃树的地上部生长减缓或停止生长,养分消耗减少并开始回流积累;而根系正值秋季生长高峰,因此深翻后的断根伤口容易愈合,并能促发新根,延长根系生长时间,增强根系吸收功能,提高树体贮藏营养水平。如遇秋季干旱,深翻后应进行灌水。秋季是桃园深翻较好的时期。

④ 冬季深翻:在树体落叶休眠后进行深翻,操作时间较长。冬季深翻可消灭地下越冬的病原菌、害虫及冬季杂草和宿根性杂草。有冻害的地区在深翻后应及时培土护根,土壤墒情不好时应及时灌水以促进土壤下沉,防止露风伤根。

(2) 深翻深度:深翻深度以稍深于桃树根系集中分布深度为宜,并考虑土壤质地和结构状况。如山地或荒坡地,下部有半风化岩石或黏土夹层或未充分分化的死土层,深翻的深度一般要求达到 $50\sim70$ cm;如为沙质壤土,土层深厚,则深翻深度可适当浅些。另外,树盘范围内根密度高、粗根、大根多,深翻深度应适当浅些,以免过多伤根;树盘以外则可尽量深些。

(3) 深翻方式:深翻方式较多,现将常用的几种介绍如下。

① 深翻扩穴:幼树定植后,逐年向外深翻,扩大定植穴,直到全园翻遍为止。适合于劳动力较少的桃园。每次深翻时可施入有机肥料,以改良土壤。

② 隔行深翻:平地和坡地桃园因栽植方式不同,深翻方式也有差异。平地桃园实行隔行深翻,分 2 次完成,每次只伤一侧根系,对桃树影响小,而且可用机械操作。坡地或内高外低的梯田桃园,第

1次应先在下半行进行较浅深翻,下次在上半行深翻,把土压在下半行上,同时施入有机肥。这种深翻方式可与修整梯田相结合。

2. 中耕除草

在生长期内,一般在灌水或降雨后进行中耕松土、除草,可减轻土壤板结,减少杂草对土壤水分及养分的竞争,减少病虫害的(中间寄主)来源。在桃树萌芽前至6月下旬,尤其是春季多风少雨季节,如杂草蔓延滋生,必须进行中耕除草,其深度为5～10 cm。将除下的杂草堆在桃树树冠周围,可提高树体抗旱性。采果完毕,根系进入第2次生长高峰,中耕松土要深些,可达15 cm,使土壤透气良好,有利于根系生长和树势恢复。1年中耕除草2～3次。

有些桃园杂草过多,如除草作业来不及,也可适当使用除草剂。使用除草剂需要谨慎,勿将药剂喷到或被风吹到树冠上,否则会造成药害,影响桃树正常生长。建议提前使用地布覆盖,可抑制杂草生长。

3. 增施有机肥

有机肥不仅能均衡、持久供应桃树生长发育所必需的多种矿质养分,而且能全方位地改良土壤物理、化学和生物性状。因此,增施有机肥是培肥和改良桃园土壤的基础。

在非障碍性桃园土壤上,桃树基础产量和品质与土壤有机质含量关系密切。一般桃园土壤有机质含量高,桃树树体生长健壮,基础产量也高,品质也好。如草炭和有机肥配合施用能显著改善20～40 cm土层的土壤物理性状,可提高桃树叶片各种矿质养分含量,并增加单果重和提高果实可溶性固形物含量。

目前,我国的桃树平均单产低,品质不高,其中桃园缺乏有机肥是一个重要原因。

4. 间作

利用桃园未被遮阴的空地套种农作物叫间作。幼龄树树间宽敞,一年四季都可间作。成龄树桃园间作时期主要是在冬季,夏季树冠密封,不宜间作。间作可以防除杂草,减少土壤冲刷,增加土壤肥力,为桃树生长创造良好的环境;同时,间作豆科、蔬菜等作物还可增加副业收入。

间作应掌握以下几点原则：①以桃树为主，间作作物应处于从属地位。间作作物的种类应经过挑选，以矮秆作物为主，并能增进土壤肥力，促进桃根系发展。②增施肥料，间作作物也要吸收肥料，因此桃园间作之后，要加强肥水供应，避免和桃树争夺养分。间作作物须种在桃树根系分布范围以外，一般在树冠 1.0～1.5 m 之外种植。③间作作物不能与桃树有相同病害，或是桃树病虫害的转主寄主。

间作作物常选以下几类：①瓜类，如西瓜、甜瓜等蔓性瓜类，栽培时肥水充足，管理精细，能留给土壤较多的养分，同时枝叶繁茂，地面多铺茎秆，有利于防治杂草，是较好的间作作物，但须防止藤蔓或卷须缠绕，以免影响桃树生长。有些直立蔓性瓜类，如黄瓜、丝瓜、葫芦，需搭棚架，将影响桃树光照，不宜间作。②块根、块茎类，如甘薯、萝卜等，肥大的食用部分长在土下，需要深耕和精耕细作，也能改良土壤。③豆科作物，包括食用豆科作物和绿肥，如大豆、花生、绿豆、蚕豆、豌豆、紫云英、黄花苜蓿等，生长迅速，根瘤菌能固定空气中的氮，增进土壤肥力。蔓性豆科作物如豇豆，不宜用作间作作物，以免遮阴。

5. 黏土地桃园土壤改良

（1）掺沙改良：定植前、幼树期是掺沙改良的重点时期。一般在秋末或早春在全园压沙 10～20 cm，再进行深翻。成龄树可结合施基肥在施肥穴内掺沙，连年进行轮换，3～5 年达到全园掺沙改良的目的。

（2）增施有机肥和深埋农作物秸秆：黏土的有机质含量低，土壤通透性差，在掺沙改良的同时要加大有机肥的施入，并结合幼树土壤扩穴每年深埋 30～40 cm 农作物秸秆，增加土壤有机质含量。

6. 果牧结合

有条件的桃园，可在桃园内适量放养鸡、鸭等禽类，既可增加土壤肥力，还具有防虫除草作用，并增加果园效益。

7. 盐碱地桃园土壤改良

在土壤 pH 5.0～7.5、土壤含盐量小于 0.1% 的条件下，桃树能够正常生长结果。盐碱地由于土壤 pH 高、土壤盐分含量高，不利于桃树根系生长,易发生缺素症,树体早衰,果实产量低、品质差。因此,在盐碱地栽培桃树必须进行土壤改良。主要措施如下。

(1)引淡洗盐:引淡洗盐是改良盐碱地的主要措施之一。园内定期引入淡水进行灌溉,以达到洗盐的目的。当土壤含盐量超过0.1%后,还应注意在生长期应用淡水灌溉压碱。

(2)深耕增施有机肥:有机肥不仅能提供桃树生长发育所需要的各种营养,还含有机酸,能对碱起中和作用。同时,增施有机肥可以改善土壤结构、提高土壤肥力、减少地表蒸发和减缓土壤返碱。

(3)营造防风林和果园生草:防风林可降低风速,减少地表蒸发,抑制盐碱上升。果园生草除增加土壤有机质、改善土壤理化性状外,还可覆盖地面,减少地表蒸发,以防止土壤返碱。

(4)中耕锄草和地表覆盖:中耕既可去除杂草、疏松表土、提高土壤通透性,又可切断土壤毛细管、减少土壤水分蒸发,从而抑制盐碱上升。地表覆草或铺沙,同样可以防止土壤返碱。

二、优质桃园的土壤管理方法

1. 清耕法

有秋季深耕和春夏季多次中耕及浅耕除草,秋季深耕一般深20 cm,生长季节中耕深5~10 cm。

2. 生草栽培法

欧美和日本等的果园土壤管理以生草法为主,果园生草面积达55%~70%,甚至高达95%左右。生草栽培是省工、高效的土壤管理技术,是现代果业生产的重要组成部分,也是解决我国桃园有机肥施用不足、有机肥源短缺的有效途径。

(1)果园生草的方式:包括全园生草、行间生草、株间生草3种方式。全园生草适合稀植的成龄果园;行间生草常用于宽行密植园;株间生草是幼树行间间作的栽培方式,无论采取哪种方式,原则上树干周围 1～2 m 不生草。

（2）果园生草的条件：土层深厚、肥沃、根系分布深的果园可全园生草；在年降雨量少于 400 mm、无灌溉条件的果园,不宜生草；宽行密植行距在 5～6 m 甚至 6 m 以上的果园,可在幼树定植时就开始种草；高度密植的果园不宜生草而宜覆草。

（3）生草种类：适合桃园生草的种类有早熟禾、剪股颖、黑麦草、蓝茅草、野牛筋、羊胡子草、燕麦等禾本科植物和光叶苕子、白三叶、红三叶、苜蓿、扁豆、黄芪、白脉根、田菁等豆科植物。对于土壤肥力较好的桃园可采用禾本科草,土壤肥力十分贫乏的桃园宜选用豆科草。

（4）播种

① 播种时间：春季（3～4 月）,当地温稳定在 15 ℃以上时播种,草被可在 6～7 月桃园草荒发生前形成；秋季 9 月播种,可避开桃园草荒的影响,减少剔除杂草的繁重劳动。

② 播种方法：可播单 1 草种或 2 种以上草种混播。

直播：直接将草种划沟条播或全园撒播。播前先平整土地,为减少杂草的干扰,最好在生草播种前半个月灌 1 次水,诱使杂草种子萌发出土,喷施短期内可降解、对桃树影响小的除草剂,10 d 后再灌水 1 次,将残留的除草剂淋溶下去,然后再播草种。播种后,最好采用喷灌保持土壤湿度,以促进草种发芽生根。

移栽：用苗床育苗,禾本科草种长到 3 片叶以上、豆科草长到 4～5 片叶以上时,即可移栽；亦可从其他草地移栽大苗。土壤墒情好的用带土移栽,栽时踩实即可。移栽后应及时浇水,确保成活。

（5）播种量：禾本科牧草每 667 m² 用草种量 2.5～3 kg,豆科牧草每 667 m² 用种量 1～1.5 kg。

（6）生草果园的管理

① 促长：最初几个月,要适当采取增加水肥等措施促进草根扎深,草体覆盖地面,草高保持 10 cm 以上。

② 刈割：桃园土壤形成草地景观,待草高 25～30 cm 时进行刈割。为确保草体迅速恢复长势,要掌握好留茬高度。一般豆科草要

留 1～2.5 个分枝,即 15 cm;禾本科草要留有新叶,即留茬 10 cm。带状生草刈割下的草覆盖于树盘上;全园生草的桃园刈割下的草就地撒开,也可开沟深埋,与土混合沤肥。一般 1 年刈割 2～4 次,水利条件好的桃园可多割几次,干旱地区的桃园可少割几次。

③ 增施氮肥:早春施肥,生草园应比清耕园增施 50% 的氮肥,生长期生草园对所种的草体应根外追肥 3～4 次,可缓和春季草与桃树争水夺肥的矛盾。

④ 翻压:生草 3～5 年后,草逐渐老化,应及时全园翻压或条状翻压。全园翻压以春季为宜,使草迅速腐烂分解,休闲 1～2 年后重新播种。条状翻压在生长季节都可进行,以春季为好,对行间进行条状部分翻压,轮换进行,2～3 年将草皮全部翻压更新。对翻压过的条带,可利用草皮残根、种子或重新播种、移栽,在 3 个月内恢复草皮。

3. 覆盖法

桃园土壤应用的覆盖技术有秸秆覆盖和薄膜(地布)覆盖。

秸秆覆盖是利用稻草、麦秸、杂草等物在树冠下铺放 10～20 cm 厚,不用每年翻耕,隔 1～2 年铺 1 次,有条件的亦可连年铺放。为防止火灾,可在草上压一些土。覆草 2～3 年后,要有计划地深穴换土。定期在树冠外缘垂直地面挖 2～4 个 50 cm 见方的坑穴,将表土与杂草填入穴内,底土盖在坑表。这样,既不破坏大量的表层根系,又能促进深层根系的生长和改善深层土壤的透气性。覆草可抑制杂草的生长,减少水分蒸发,提高土壤肥力,并能调节地温,如早春可提高地温 1.8～2.6 ℃,夏季地表温度可降低 0.2 ℃,有利于桃树生长。以后每年覆草加厚 10 cm,4～5 年后翻耕,重新覆盖。秸秆覆盖会使桃树根系集中于表土层,削弱其抗旱、抗寒力,应有意识地进行深施肥,引诱根系向下生长。覆盖物易隐藏病虫害,增加病虫害的防治难度,要注意树冠下的杀菌消毒。

薄膜(地布)覆盖适合于幼树树盘覆盖和设施栽培地面覆盖,可保墒,提高水分利用率和地温,控制杂草和某些病虫害,而且果实早着色、早成熟,有利于提高果实品质和商品价值。

三、优质桃园不同树龄的土壤管理技术

1. 幼树期的土壤管理

（1）树盘管理：多采用清耕法或覆盖法。清耕法的深度以不伤大根为限，耕深 10 cm；覆盖法可采用有机物或薄膜覆盖树盘，有机物覆盖的厚度一般在 10 cm 左右；如用厩肥或泥炭覆盖时，可稍微薄一些；沙滩地或地下水位高的桃园在树盘培土，既能保墒又能改良土壤结构，还能减少根际冻害。

（2）果园间作：优质桃园原则上不间作。3 年生以前的宽行密植或稀植桃园，也可选择植株矮小或匍匐生长的作物间作，要求其生育期短，适应性强，需肥量小，且与桃树需水肥的临界期错开，与桃树没有共患病虫害，桃树喷药不受影响，耐阴性强，产量和价值高，收获较早。利用行间土地资源，提高前期桃园的收入。间作作物有豆科的大豆、绿豆、花生、蚕豆，块根、块茎类的萝卜、胡萝卜、马铃薯，叶菜类的大蒜、菠菜、莴苣，中草药类的白芷、党参等，以豆科作物为最好。应注意间作随着树冠的扩大而逐年缩小，要求距桃树干保持 2 m 以上的距离。

（3）种植绿肥：3 年生以前的桃园，为改良土壤可在行间种植豆科绿肥；秋季结合扩穴将绿肥刈割，连同有机肥、少量化肥一同深埋熟化。绿肥的种类有：适应酸性土壤的毛叶苕子、豌豆、豇豆、紫云英等；适应微酸性土壤的黄花苜蓿、蚕豆、肥田萝卜等；适应碱性土壤的田菁、紫花苜蓿等。

2. 成龄桃树的土壤管理

（1）浅锄：发芽前后各浅锄 1 次，深度为 5～10 cm，目的是提高土温、保墒和防止返碱，以及促进根系的生长。生长季节的锄草灭荒，深度也不要超过 10 cm。

（2）部分深耕：进入盛果期后，土壤的养分减少，浅层根系已布满全园，为了确保盛果期高产优质桃的稳定生产，创造好的根系环境，适时进行土壤改良，可促进根系的生长和扩大根系的吸收范围，保持树体生长发育良好。利用施基肥可对桃园进行部分深耕，深度

40～50 cm，3～4 年完成。部分深耕的方法有条状深耕、放射状深耕、穴状深耕等，并施入适量有机肥和土壤改良材料。对断面挖断的粗根要及时用剪刀疏除，防止腐烂，深耕的沟要及时回填，不可长期暴晒。

四、施肥管理

1. 桃树需肥特点

桃必需的营养元素有 16 种：来自空气和水的有碳（C）、氢（H）、氧（O）3 种；来自土壤的有 13 种，其中大量元素有氮（N）、钾（K）、钙（Ca），中量元素有镁（Mg）、硫（S）、磷（P），微量元素有铁（Fe）、锰（Mn）、硼（B）、锌（Zn）、铜（Cu）、钼（Mo）、氯（Cl）。桃树生长快，枝叶多，对营养需求量较高。营养不足时树体明显衰弱，果实品质下降。当缺少某种元素时，可能会表现出缺素症，影响产量和风味，抗性减弱；当某种元素过多时，也会出现中毒或元素的拮抗作用，同样表现出缺素症。各种元素的适量范围见表 4-1。

表 4-1　桃新梢叶片的营养诊断指标（7 月份取样）

元素	缺乏	适量
氮/%	＜1.7	2.5～4.0
磷/%	＜0.11	0.14～0.4
钾/%	＜0.75	1.5～2.5
钙/%	＜1.0	1.5～2.0
镁/%	＜0.2	0.25～0.60
铁/mg·kg^{-1}		100～200
锌/mg·kg^{-1}	＜12	12～50
锰/mg·kg^{-1}	＜20	20～300
铜/mg·kg^{-1}	＜3	6～15
硼/mg·kg^{-1}	＜20	20～80

桃树各器官对氮、磷、钾三要素的吸收量比值分别为:叶 10:2.6:13.7;果实 10:5.2:24;根 10:6.3:5.4。综合桃树吸收营养的有关资料,桃树对三要素的总吸收量的比值为 10:(3~4):(13~16)。可见,桃树需钾较多,其吸收量是氮素的 1.3~1.6 倍,并以果实的吸收量最大,其次是叶片,两者的吸收量占钾吸收总量的 91.4%,因而满足钾的需要是桃树丰产、优质的关键。桃树需氮量也较多,且反应敏感,供应充足的氮是保证丰产的基础。桃树对磷的吸收量较少,以叶和果实吸收量大。

各地试验资料表明,每生产 100 kg 果,需要吸收氮 0.8~1.0 kg、磷 0.3~0.5 kg、钾 1.0~1.2 kg。由于养分流失、土壤固定和吸收能力不同及土壤类型与管理水平各异等因素影响,施肥量差异较大。桃树对肥料的利用率,氮为 50%,磷为 30%,钾为 40%。土壤的供肥量,一般以氮为吸收量的 1/3,磷、钾各为吸收量的 1/2进行。施肥后灌水可提高肥料利用率。

2. 桃树的需肥量

从理论上讲,施肥量可以通过下列公式计算:

施肥量＝(目标产量所需养分总量－土壤天然供给量)/[肥料利用率(%)×肥料养分含量(%)]

要确定施肥量,必须确定以下 5 个参数。

(1) 目标产量:根据品种、树龄、树势、花芽情况及气候、土壤条件和栽培管理水平等综合因素确定当年合理的目标产量。

(2) 需肥量:桃树在年周期中,需吸收一定量的养分以构成各种营养器官及完成开花结果。日本学者寿松木章等以"白凤"为试材,研究了从幼苗到成龄树植株的营养吸收与生长过程:定植后最初 7 年中,每年植株干重均有增长;而后随产量进一步提高,植株各部分的增长量逐步下降,至 11 年生时达到一个稳定值。在栽植密度 212 株/hm² 平均单产 28 t/hm² 的条件下,11 年生"白凤"桃树年吸收的养分量为氮(N)104 kg/hm²、五氧化二磷(P_2O_5)25 kg/hm²、氧化钾(K_2O)131 kg/hm²、氧化钙(CaO)109 kg/hm²、氧化镁(MgO)23 kg/hm²。

(3) 土壤天然供给量:除了施肥补充外,土壤本身还含有矿质养分,可以自然供给桃树吸收一部分。

(4) 肥料利用率:施入土壤中的肥料,由于土壤的吸附固定、雨水(灌溉水)淋失和分解挥发损失等,不能全部被桃树吸收利用。桃树对肥料的吸收利用率与品种、砧木特性及土壤管理制度等有关。一般认为,氮肥利用率约为 50%,磷肥为 30%,钾肥为 40%。改进灌溉方法可提高肥料利用率,如采用灌溉式施肥,氮肥利用率为 50%~70%,磷肥利用率约为 45%,钾肥利用率为 40%~50%;采用喷灌式施肥,氮肥利用率可达 95%,磷肥利用率达 54%,钾肥利用率达 80%。

(5) 肥料中有效养分含量:常用化肥的有效养分含量见表 4-2。需注意磷、钾的表示方法有纯磷(P)、纯钾(K)及 P_2O_5 和 K_2O,它们之间的关系为 $P : P_2O_5 = 0.43 : 1$, $K : K_2O = 0.83 : 1$。

表 4-2 常用化肥的有效养分含量

肥料	N/%	P_2O_5/%	K_2O/%
硫酸铵	20~21		
硫酸钾			48~20
碳酸氢铵	16~17		
氯化钾			50~60
硝酸铵	33~35		
硝酸镁钙	20~21		
尿素	46		
氨水	14		
氯化铵	2~25		
硝酸钙	13		
石灰氮	30		
过磷酸钙		12~20	
钙镁磷肥		12~20	
磷矿粉		10~35	
骨粉	3~5	20~25	
磷酸铵	17	47	
磷酸二氢钾		24	27

肥料	N/%	P_2O_5/%	K_2O/%
草木灰		1~4	5~10
复合肥(1)	20	15	20
复合肥(2)	15	15	15
复合肥(3)	14	14	14

3. 施肥原则

（1）多施有机肥：有机肥含多种营养元素，为完全肥。施用充足的有机肥后，桃树一般不会发生各种缺素症，树体抗病性和适应性增强。

（2）重视秋施肥：桃树的发芽、展叶、开花、坐果主要依靠上一年秋季贮藏的养分。因此，秋季树体贮藏营养的多少直接影响花芽的数量与质量，也影响果实产量和品质。由于秋季气温较高，根系有1次小的生长高峰，同时也是树体养分的贮藏期，施肥效果好，利用率高。

（3）配方施肥：遵循最少养分原理，就是桃生长需要吸收多种养分，但决定产量的是土壤中那个相对含量最少的养分因子。此时继续增加其他养分的供给，不仅不能提高产量，而且可能起相反的作用。定期对桃树营养进行监测，每年叶片分析1次，每3年化验1次土壤养分，并按分析值和土壤养分标准（表4-3）调整施肥计划，缺什么，补什么；缺多少，补多少。合理使用氮肥，即减少无机氮肥、增加有机氮，使有机氮和无机氮达1∶1；增加钾肥和钙肥用量。施肥量依目标产量、土壤、品种、树龄、树势等差异而不同。土壤肥沃、树龄小、树势强的施肥量要少一些；相反，土壤瘠薄、树龄大、树势弱的施肥量要多一些。

（4）科学施肥：将肥均匀施到须根处，离根要近，并适当扩大根系的吸收面积，才能使根更好地吸收。化肥与有机肥混施，可减少土壤固定和流失，施肥沟或施肥穴深度以20~35 cm为宜。施肥后要及时灌水，以土壤湿透为度，防止大水漫灌造成养分流失。

表 4-3 大量养分分级标准

养分级别	有机质/%	全氮/%	速效磷/ mg·kg^{-1}	速效钾/ mg·kg^{-1}
丰富	＞4.00	＞0.2	＞40	＞200
较丰富	3.00～4.00	0.15～0.2	20～40	150～200
中等	2.00～3.00	0.1～0.15	10～20	100～150
较缺	1.00～2.00	0.075～0.1	5～10	50～100
缺	0.6～1.00	0.05～0.075	3～5	30～50
极缺	＜0.6	＜0.05	＜3	＜30

4. 不同树龄施肥

(1) 结果树施肥

① 基肥：基肥秋施以在 9 月进行为宜。如果错过秋施时间，也可在整个休眠期，即落叶后的 11 月至翌年 2 月萌芽前施用。施肥量根据树龄、树势、产量、土质及肥料质量灵活掌握，一般生产上可按株产 50 kg 桃施基肥 50～75 kg，即至少达到"斤果斤肥"。结果树施有机肥 3 000～4 000 kg/667 m^2、复合肥（2∶2∶1，总养分含量 35%）20～30 kg/667 m^2。

② 萌芽肥：补充树体贮藏营养的不足，促进开花，提高坐果率，增加新梢的前期生长量。萌芽肥以氮肥为主，配合磷、钾、硼等。一般在 2 月底至 3 月上旬施用，施肥量因树势强弱和基肥用量不同而定，对基肥已施足、树势又偏旺的可少施或不施；反之宜多施。结果树每株施 0.2 kg 尿素。

③ 花后肥：谢花后 1～2 周施用，可补充花期的营养消耗，促进新梢生长，减轻生理落果。以氮肥配合微量元素施用，应注意用量，以免造成新梢旺长，增加落果。结果树株施 0.2 kg 尿素加少量磷、钾肥；或根据树体缺素状况，加入少量对应微量元素肥料。

④ 壮果肥：5 月中旬是最关键的追肥时期。5 月中旬以后，桃树处于种核硬化、花芽分化和果实第 2 次迅速膨大前期 3 个重要的生长发育阶段，需要消耗大量养分，而树体贮藏的营养在花期大部分已被消耗，因此需要补充大量的养分。特别是南方雨水较多，土

壤养分流失严重,更有必要施用。需追施 1 次速效肥,追肥应以控氮为主,多施复合肥和磷、钾肥。结果树视坐果情况,株施复合肥或专用肥(16：8：16)1～1.5 kg。

⑤ 采果肥:一般在采前 15 d 施入,主要施用速效钾肥。有利于提高果实品质、促进果实长大、提高含糖量和恢复树势。结果树株施硫酸钾 0.5 kg。

⑥ 采后肥:可促进根系和新梢的进一步生长,恢复树势,使枝芽充实、饱满,增加树体内贮藏营养,为翌年的丰产打下良好的物质基础。肥料以氮、磷、钾复合肥为好,株施 0.5 kg。幼树、结果少的旺树可少施或不施,以稳定生长、少发秋梢,保证安全越冬。

(2)幼年树施肥

① 基肥:1～3 年生幼树,于 9 月中下旬全园耕施基肥 1 000～1 500 kg/667 m²、磷肥 20 kg/667 m²。

② 追肥:生长季节,按照薄肥勤施的原则。新栽幼树上半年每月施尿素 2 次,每次 25～50 g/株;下半年每月施复合肥 2 次,每次 100 g/株。2～3 年生幼树上半年每月追施 1 次尿素,每次 50～75 g/株;下半年每月追施 2 次复合肥,每次 100～150 g/株。还可选用 0.3％磷酸二氢钾、氨基酸等叶面肥进行叶面喷施 4～5 次,以促进幼树生长。

5. 土壤施肥方法

(1)环状施肥法:按树冠大小,在树冠外围下挖一环状沟,沟深约 30 cm,宽 30～50 cm,将肥料施入沟中。幼龄桃树用此法利于养分吸收。

(2)沟状施肥法:在树冠外围下东西向或南北方向开沟,沟深约 30 cm、宽 30～50 cm、长 100～150 cm,将肥料施入沟中。如肥料体积不大,可隔年轮换施,以避免每年将肥料施于同一沟内,促进根系往四周均衡发展。成年树树冠大,两树之间已封行,施肥沟可设在两树之间,沟的长度可增至 1.5～2 m,以增加施肥面,促进根系的吸收。

6. 根外追肥

根外追肥也是追肥的一种形式,用以增强光合作用,促进树势恢复,缓和果梢矛盾。喷施时期主要在生理落果较多的 4～5 月,也可在采前和采后秋季喷施,要注意氮、磷、钾三要素全面配合,一般

7～10 d 喷 1 次,全年喷 4～7 次。根外追肥的使用见表 4-4,温度高时适当降低使用浓度。

表 4-4 桃树叶面喷肥的种类、浓度、时期和次数

元素	化肥名称	浓度/%	时间	次数
氮	尿素	0.3～0.5	花后至采收前	2～4
磷	过磷酸钙(浸出液)	1～3	花后至采收前	3～4
钾	硫酸钾	0.3～0.5	花后至采收前	3～4
磷、钾	磷酸二氢钾	0.2～0.3	花后至采收前	2～4
镁	硫酸镁	2	花后至采收前	3～4
铁	硫酸亚铁	0.3～0.5	花后至采收前	2～3
铁	硫酸亚铁	2～4	休眠期	1
铁	螯合铁	0.05～0.10	花后至采收后	2～3
钙	氯化钙	1～2	花后 4～5 周	2～7
钙	氯化钙	2.5～6.0	采收前 1 个月	1～3
钙	硝酸钙	0.3～1.0	花后 4～5 周	2～7
钙	硝酸钙	1	采收前 1 个月	1～3
锰	硫酸锰	0.2～0.3	花后	1
铜	硫酸铜	0.05	花后至 6 月底	
铜	硫酸铜	4	休眠期	
锌	硫酸锌	0.05～0.1	落花前、萌芽时或采收前	1
锌	硫酸锌	2～4	休眠期	1
硼	硼砂	0.2～0.4	落花前后	1
硼	硼酸	0.2～0.4	落花前后	1
钼、氮	钼酸铵	0.3～0.6	花后	1～3

五、水分管理

1. 桃树需水特点

桃树对水分较为敏感,表现为相对耐旱但怕涝。在桃树整个生

长期,土壤含水量在 40%~60%有利于枝条生长与生产优质果品;当土壤含水量降至 10%~15%时,枝叶出现萎蔫现象。桃树有两个关键需水时期,即盛花期和果实第 2 膨大期。如果盛花期水分不足,则桃树开花不整齐,坐果率低;如果果实第 2 膨大期土壤干旱,则会影响果实增大,减少果实质量和体积。这两个时期应尽量满足桃树对水分的需求。因此,需根据不同品种、树龄、土壤质地和气候特点等来确定桃园灌溉时期和用量。

2. 灌水时期

(1)萌芽期和开花前:这次灌水是补充长时间的冬季干旱,为桃树萌芽、开花、展叶及提高坐果率和早春新梢生长做准备。此次灌水量要大,灌水可以结合花前施肥进行。如果上一年冬天已灌水,此次也可不进行灌水。此期在南方正值雨水较多的季节,要根据当年降水情况安排灌水,以防水分过多。如上海地区桃树萌芽和开花期至硬核期,雨水较多,需加强排水,不宜灌水。

(2)硬核期:此时枝条和果实均生长迅速,需水量较多,枝条生长量占全年总生长量的 50%左右。硬核期对水分也很敏感,水分过多则新梢生长过旺,与幼果争夺养分而引起落果。此期在南方正遇梅雨季节,应根据具体情况确定,如当地雨水过多,需加强排水。此期可结合施肥进行灌水。

(3)果实膨大期:一般在果实采前 20 d 左右,此时的水分供应充足与否对产量影响很大。灌水要适量,有时灌水过多会造成裂果和裂核。在北方,此时早熟品种还未进入雨季,需进行灌水。中、早熟品种成熟以后,灌水与否以及灌水量视情况而定。南方此时正值旱季,特别是 7~8 月,应结合施肥灌水。

(4)休眠期:我国北方秋、冬干旱,在入冬前充分灌水有利于桃树越冬。灌水的时间应掌握在以水在田间能完全渗下去并在地表结冰为宜。

3. 灌水方法

(1)地面灌溉:有畦灌和漫灌两种,即在地上修筑渠道和垄沟,将水引入果园。其优点是灌水充足,保持时间长;缺点是用水量大,渠、沟耗损多,浪费水资源。目前我国大部分果园仍采用此方法。

（2）喷灌：喷灌比地面灌溉省水30%～50%，并具有喷布均匀、减少土壤流失、调节果园小气候、增加果园空气湿度，以及避免干热、低温和晚霜对桃树的伤害等优点。同时，喷灌节省土地和劳力，便于机械化操作。目前我国仅部分果园应用。

（3）滴灌：是指将灌溉用水在低压管系统中送达滴头，由滴头形成水滴后，滴入土壤而进行灌溉。其用水量仅为地面灌溉的1/5～1/4、喷灌的1/2左右。滴灌不会破坏土壤结构，不妨碍根系的正常吸收，且具有节省土地、增加产量、防止土壤次生盐渍化等优点。滴灌有利于提高果品产量和品质，是一项有发展前途的灌溉技术，特别是在我国缺水的北方，应用前景广阔。

桃园进行滴灌时，滴灌的次数和灌水量因灌水时期和土壤水分状况而不同。在桃树的需水临界期进行滴灌时，春旱年份可隔天灌水，一般年份可5～7 d灌1次水。每次灌溉时，都应使滴头下一定范围内的土壤水分达到田间最大持水量而又无渗漏为最好。采收前的灌水量，以土壤湿度保持在田间最大持水量的60%左右为宜。生草桃园，更适于进行滴灌或喷灌。

（4）微喷灌：将微喷头安装到滴灌系统上，形成微喷灌系统，兼有喷灌和滴灌的优点，适用于生草桃园。

（5）渗灌：通过地下埋设专用输水管道和渗管，靠一定高差的水位，水从管壁小孔或毛细孔中慢慢渗出，使其周围土壤达到一定的湿度。渗灌节水效率高，能保持土壤疏松结构，不产生地表径流和蒸发损失，不占耕地，可用于施肥。

4. 灌水与防止裂果

（1）水分与裂果的关系：裂果与品种有关，也与栽培技术有关，尤其与土壤水分状况密切。试验结果表明，在果实接近成熟期时，如果土壤水分含量发生骤变，则裂果率增高；如果土壤一直保持相对稳定的湿润状态，则裂果率较低，这说明桃果实裂果与土壤水分变化程度有较大关系。为避免果实裂果，要尽量使土壤保持稳定的含水量，避免前期干旱缺水、后期大水漫灌。

（2）防止裂果适宜的灌水方法：滴灌是最理想的灌溉方式，可为易裂果品种的生长发育提供较稳定的土壤水分,有利于果肉细胞的平稳增大,减轻裂果。如果采用漫灌,也应在整个生长期保持水分平衡,在果实发育的第 2 次膨大期适量灌水,保持土壤湿度相对稳定。

5. 排水

雨季做好排水防涝是栽培桃树的一项重要工作,桃树是一种不耐涝的果树,雨季淹水一昼夜便死亡。因此,雨季到来之前一定要将排水渠修好,做到排水及时。同时,不要使桃园草荒严重,因为过多过高的杂草会影响地面水的径流速度,对排水不利。

(1)明沟排涝:在园内行间开 40~50 cm 的排水沟,将水排出。

(2)暗管排水:在园内地下 80 cm 深安设排水管道,将土壤中多余的水分由管道排出。

(3)起垄栽培:在土壤黏重、容易积水的桃园,在建园时采用起垄栽培可避免积水。

沙地桃园也应注意排水问题。沙地积水有时尽管从表面看不出来,而实际上土壤中水分已经达到饱和状态,使桃树淹死。

已受涝的桃树,首先要排除积水,并将根颈部分的土壤扒开晾根,还要及时松土,使土壤通气,以促使根系功能尽快恢复。

第五章　整形修剪技术

一、桃树的特性

1. 喜光性强，干性弱

桃是喜光树种，中心枝弱甚至消失。树冠内枝条易郁闭枯死，造成下部光秃，结果部位外移，故必须通过整形修剪，使之合理布局，充分受光，增强树势。

2. 生长势旺，形成树形快

年生长量大，分枝量多，如营养充足可分生 20 多个枝条，发出 2～4 次新梢，故除冬季修剪外，还需加强夏季管理，以达到抑制无用枝生长，促使有用枝尽快形成花芽，达到缓和树势、提早结果的目的。

3. 顶端优势弱，尖削度大

桃的顶端优势不如苹果、梨。桃树枝条每发出 1 次分枝，分枝点以上的母枝便会明显变细，这种减弱枝先端加粗生长的量叫尖削量。从各种树种比较看，桃的尖削量大于苹果、梨。因此，在整枝修剪、确定骨干枝时，要控制骨干枝上的分枝生长量，保证骨干枝生长。

4. 耐剪，但伤口愈合差

桃树对修剪较敏感，若重剪会刺激树体易发生徒长枝，影响结果枝形成，而且修剪的大伤口不易愈合。所以在修剪时剪口芽上要剪平、不留小桩，同时对大伤口需及时涂保护剂，使之尽快愈合，避免流胶病等病害发生。

二、整形修剪的意义和依据

1. 整形修剪的意义

整形就是使桃树具有一定的树体形状和骨架构,能合理利用空间,充分利用光能,以达到优质高产的目的;修剪是调控树体的生长和结果,使其符合桃树生长发育的习性、栽培方式和栽培目的的需要。整形是通过修剪技术完成的,通过修剪可维持桃树的树体结构,以达到早果、丰产、稳产、优质和降低成本的目的。

桃树生长旺盛、发枝力强,要求有充足的光照。如不进行整形修剪,放任生长,则树体高大,枝条密闭,只在树的外围结果,果实品质差,产量低。

2. 整形修剪的依据

(1)品种:桃树品种不同,生长、结果习性也不同。不同的品种,不能采取完全一样的整形修剪方法。对于生长旺盛、枝条直立的品种,修剪上要注意开张角度,缓和树势;对于生长较弱、树姿开张的品种,修剪上要注意抬高主枝角度,复壮树势。

(2)树龄、生长势及栽植方式:在桃树的不同树龄时期,生长、结果的表现不同,对整形修剪的要求也不一样。幼树和初结果树生长旺盛,应使树冠尽早开张,以缓和生长势,以长放为主,修剪宜轻。结果后期生长势偏弱,修剪上以增强树势为主,多进行短截和回缩。露地栽培的中密度和稀植桃树,其生长空间较大,采用开心形,修剪以短截为主,使树冠向四周扩展。高密度栽植或设施栽培的桃树,其生长空间较小,应采用"Y"形、纺锤形或主干形,修剪以疏枝和缓放为主。

(3)肥水条件:对土壤肥沃、水分充足的桃园,宜以轻剪为主,反之则要进行适度重剪。

(4)气候条件:南方春季多阴雨,短截过重易徒长,对结果枝多采用疏枝和轻短截。北方春季多干旱,光照充足,对结果枝条可以采用短截、疏枝和缓放相结合的修剪方法。

三、主要修剪方法

1. 疏剪(疏枝)

疏剪就是将枝条从基部彻底剪去。夏剪和冬剪均可采用,主要目的是让树体内膛通风、透光良好,有利于光合作用。疏去枝条后,对剪口以下的部分,有促进新梢再发生的作用;对该剪口的上部,削弱其生长势。疏枝对着生该枝的母枝及整个树体而言,起减弱和缓和生长势的作用。

2. 短截

短截就是对 1 年生枝留下一部分进行剪切。依剪去的长度分为极重短截(留基部 1~2 个瘪芽或弱芽处剪)、重短截(剪去枝长的 2/3 以上)、中短截(剪去枝条长度的 1/2 以上)、轻短截(剪去枝长 1/3 以下)。夏季短截易造成新梢生长延迟,冬季短截的作用主要有以下两个。

(1) 促发新梢:使单根新梢生长量增加,但与长放相比,被短截的枝条增粗减缓。

(2) 稳定坐果:短截后的果枝,可让贮藏养分有效地集中供应留下的花芽,使果实生长发育良好。

3. 回缩

回缩是将 2 年生以上的枝留一定长度,缩剪回去。与短截一样,分重回缩、中回缩和轻回缩。回缩的主要目的是更新复壮,即促进新梢的发生和健壮生长,使树体贮藏养分集中供给留下的枝梢,保证结果枝组生长良好,防止内膛空虚和结果外移;也可提高坐果率,促进果实膨大。多用于枝组和骨干枝的更新,以及控制树冠和辅养枝等。缩剪有 2 种形式:

(1) 对多年生枝的回缩:多年生枝组的伸展范围较大和相邻枝

组相交密集时,以及枝组过高、生长势弱、上强下弱的枝组均需缩剪。缩剪时,要在中下部选择生长势适宜的分枝处进行。

(2)对原头的缩剪:每年冬剪时应将枝组原头缩剪,不仅压低树体高度,更重要的是减弱先端优势,促进下部枝的生长发育,使结果部位不至于上移,防止枝组过早衰老。如果冬剪时不进行缩剪,几年后枝组必然形成"光腿"现象,造成枝组占据空间大而结果少的后果。

4. 抹芽

抹芽是将萌发的枝叶或新梢抹(剪)去,以降低枝条密度,减少营养消耗。多在 4 年生以下的幼树上应用,特别是对骨干枝背上萌发的枝、芽应用较多。

5. 扭梢、拿枝

扭梢即对半木质化的绿色直立新梢用手旋转扭曲成下垂或水平生长,枝条的木质部受损,韧皮部仍然连接良好。扭梢可有效控制新梢徒长,缓和生长势,促进花芽形成。拿枝是用手从上向下将直立和斜上新梢基部轻轻一按,其木质部受损,使新梢折成水平状。拿枝的作用与扭梢一样,可开张角度、缓和新梢生长势,促进花芽形成。

6. 摘心

摘心就是将新梢前端的幼嫩部分用手摘去,分轻摘心(除去 1～3 cm)和重摘心(除去 8～12 cm)。摘心的时期不同,效果和作用完全不同。前期摘心(7 月上旬以前)可促进新梢分枝,增加副梢数量;7 月下旬以后摘心可减弱新梢生长速度或使其停长,促进新梢增粗和花芽分化。温室幼果生长期,摘心后对前端发出的副梢及时掰掉可控制徒长。

7. 拉枝、开角

将直立新梢或角度过小的骨干枝,用线、绳拉成整形所需要的角度称为拉枝。通过拉枝形成良好的骨架,使树冠内部光照良好,新梢生长势缓和,促进树体和枝条的营养生长向生殖生长转化。开角用的实用方法有拉枝、用枝撑角、两株树之间的新梢对接绑缚,以及用石头、砖块或塑料袋中盛土进行吊枝等。

四、各类枝梢的修剪

1. 主枝延长头的修剪

要保持 1 棵树上的所有延长头在一个平面上,幼树夏季摘心部位起 1 m 左右短截(延长枝基部 15 cm 处的直径即粗:长＝1:30),成龄树 50～70 cm 短截(粗:长＝1:15～1:20),剪口留外芽。当主枝间出现强弱不平衡时,强枝适当重剪,并多留副梢果枝,使其多结果,以达到以果压条的目的;对弱延长枝适当轻剪长放,不留副梢果枝结果。当树冠出现偏向生长时,将主枝剪口芽留在空隙较大的一侧,如果主枝长势偏弱或角度偏大,也可以利用向上生长的枝芽进行换头或短截,使延长枝呈或左或右、或上或下的波状延伸方式,可达到抑强扶弱,确保树势平衡,防止先端生长过旺、后部偏弱,达到立体结果的目的。盛果期树,主枝延长枝长势逐渐减弱,对延长枝的剪留长度可按 1:20 进行剪截。剪口芽留侧芽或上侧芽,并对上部的徒长性果枝适当疏剪,具有抑前促后和改善光照条件、防止上强下弱的效果。当主枝衰弱下垂时,可以利用背上枝组代替原头,对原主枝头回缩更新。

2. 侧枝延长头的修剪

幼树和初果期桃树的剪留长度,可按粗长比 1:20 进行;达到盛果期后,延长枝剪留长度可按粗长比 1:15 进行。侧枝必须从属于主枝,侧枝与主枝之间如有重叠、交叉、横生、平行时,应将其疏除、回缩修剪成大型结果枝组。对树势强或幼树的侧枝,常采用疏剪削弱枝势;对老树或衰弱树,常采用缩减增强枝势,保持树势和树体平衡。

3. 结果枝组的修剪

桃树的结果枝组分为大、中、小型结果枝组 3 种。要做到利用和修剪相结合,力求在结果的同时又能抽出优良新梢,保持持续结果能力。在骨干枝上培养枝组,枝组要曲折延伸,敦实紧凑,围绕在骨架上。

（1）缩剪：当相邻枝组相交、枝组延伸范围较大、生长势衰弱或上强下弱时，在枝组的中下部选择生长势适宜的分枝处缩剪；冬剪时，为促进下部枝的生长，削弱顶端优势，减缓结果部位上移，防止枝组过早衰老，应将枝组原头缩剪。

（2）选留弱枝或中庸枝带头：如果枝组的延长枝生长势过旺，顶端优势强，中下部枝的生长势就弱。一般大型结果枝组的延长头以长果枝为带头枝，中、小型枝组以中、短果枝带头为宜。

（3）保持枝组弯曲延伸：大型枝组在主、侧枝上着生方式有2种：骑干两分式和背上斜生式。每年冬剪时采用缩剪的方法，使枝组弯曲延伸，可削弱顶端优势，控制结果部位上移。

4. 结果枝的修剪

桃树的结果枝分为长果枝（30～60 cm）、中果枝（10～30 cm）、短果枝（5～10 cm）、花束状果枝（小于5 cm）。结果枝的修剪要注意修剪的留芽方向，要选留有空间的方向留芽，才能保证来年新梢既能通风透光，又有一定的适宜角度；结果枝的修剪以疏为主，不短截。幼树采用单枝更新，衰老树采用双枝更新。在枝组内、主侧枝上每隔15～20 cm留1个长果枝或中果枝，对其余果枝进行疏剪；结果后的长果枝从其基部选留1个长果枝，对结过果的母枝进行回缩；长果枝疏除时不要紧靠基部剪，可留2～3芽短截，刺激其再发新的预备枝或结果枝。短果枝和花束状果枝一般不短截。中果枝短截时，剪口下必须有叶芽，无叶芽不要短截。

5. 徒长枝的修剪

在树冠内无空间生长的徒长枝应尽早从基部疏除。对有生长空间的徒长枝，采用曲枝、别枝、连续摘心，6月前留1～2芽重短截或在夏季当徒长枝发生副梢时下部留1～2个副梢缩减培养成结果枝组。徒长枝可以培养成主枝、侧枝，用于更新骨干枝。剪留的部分要长，剪后要进行拉枝开角。

6. 下垂枝组的修剪

以短果枝结果为主的品种，对选留的长枝连续缓放几年后，就会形成下垂枝组。对这样的枝组应从基部1～2个短枝处回缩，促使短枝复壮，萌发长枝而更新。有些幼树利用下垂枝结1～2年果后,冬剪时对剪口芽留上芽,抬高角度,一般剪留 10～20 cm。

五、整形修剪的时期

桃树的修剪一年四季均可进行,但主要在冬季和夏季两个时期进行。不同修剪时期的修剪任务不同,采用的方法也不一样。

1. 冬季修剪

桃树的休眠期从秋季落叶开始,到翌年萌芽时结束,长达 140～150 d。在整个休眠季节,修剪时间越晚越好,一般以接近萌芽期树液流动前最适宜。修剪时间过早,伤口易失水干枯,第 2 年春天容易流胶,影响新梢生长,流胶严重的可能会造成枝条死亡;修剪过晚,养分流失过多,会削弱树势,影响开花坐果。

这一时期的主要修剪任务是培养丰产树体结构和结果枝组。修剪主要是针对 1 年生枝条和低龄多年生枝,多应用短截、缓放和缩剪等修剪方法。

(1)结果枝的修剪:根据品种特性、树龄和树势进行修剪。幼树期树势生长旺,果枝应长留,长果枝和徒长枝可留 30～40 cm,或缓放不剪;待结果枝下垂后再回缩。应尽量多留负载长度。一般长果枝可留 6～8 节花芽,中果枝可留 3～4 节花芽,短果枝可留 2～3节花芽。生产上长、中、短结果枝留 6～8 节花芽较为适宜。花束状果枝只疏不截。徒长性果枝疏剪时,可在培养枝组时留 20～30 cm 短截。衰老期树势衰弱,结果枝所留长度要缩短。

(2)结果枝的更新修剪:盛果期桃树在结果后期需及时更新。更新方法有:

① 单枝更新:对果枝短截适当加重,使之既能结果又能发生新梢用于翌年结果。

② 双枝更新:在与母枝选留基部相邻的 2 个结果枝,一枝轻短截作为结果枝,另一枝重短截预备作为翌年结果。

(3)徒长枝的修剪:不能利用的徒长枝去除。生长空间大的徒长枝应培养成枝组,冬剪时剪留 20～30 cm 长。徒长枝也可以培养成主枝、侧枝,作更新骨干枝用。

(4)枝组的修剪:修剪时要培养与利用相结合。树冠外围的大型枝组,对其延长枝的剪截程度要比侧枝重一些,注意剪口芽与延长枝的方向,使其每年弯曲生长。对树冠内大中型枝组上结果能力下降、不易复壮且过弱的小枝可以疏除。

2. 夏季修剪

桃树喜光,枝条生长量大,萌芽力和成枝力强,合理夏剪尤为重要。

合理、及时的夏季修剪不但为冬季修剪打下良好的基础,更重要的是可以缓和树势,调节生长发育,减少无效生长,节省养分,提高坐果率,增大果个,加快骨干枝、结果枝组的培养,改善内部和下部光照,促使枝条充实、花芽饱满,为早果、优质、高产创造良好条件。

(1)夏季修剪的方法

① 抹芽与除萌:抹芽是及时抹掉树冠内膛无用的徒长芽、剪口下部的竞争芽。除萌是当萌发的桃树嫩枝长到 5 cm 左右时及时抹掉,一般幼树去强留弱,这样可以缓和树势、改善光照、节约养分。

② 摘心与扭梢:摘心是把正在生长的枝条顶端的一小段嫩枝连同数片嫩叶一起摘除。这样可以控制枝条伸长生长,促使枝条下部形成充实、饱满的花芽,延缓结果部位上移。桃树一般在新梢长到 20～30 cm 长时摘心,下部可以形成饱满的花芽。徒长枝摘心可发出几个副梢,副梢也能成为结果枝,常用于培养结果枝组。扭梢是把直立的徒长枝和其他旺长枝扭转 180°,使之由向上生长扭转为向下,以控制旺长、缓和树势,使其转化为充实的结果枝;若扭曲处再冒旺长枝,可再次进行扭梢。除被选定为延长枝及其侧枝外,其他延长枝的竞争枝、骨干枝的背上枝、短截后的徒长枝和旺长枝以及大伤口附近的旺长枝条等都可以进行扭梢。扭梢时期以新梢长到约 30 cm 长且未木质化时为宜。其扭曲部位以枝梢基部以上 5～10 cm 处为好。

③ 剪枝:桃树夏季剪枝分以下 3 种情况。一是 5～6 月短截新

梢,不但可以改善光照条件,而且可以促使下部抽出 2 个结果枝,短截长度以留基部 3～5 个萌芽为好。二是由于桃树不具二次结果的特性(即结过果的枝条不再结果)。所以,在桃果采收后即把已结过果的那段枝条剪掉,基部留的 2 个枝条作为预备枝,可为翌年丰产打下良好的基础。这样每年在采果后修剪,不但可以改善通风透光、节约养分,还可以有效控制结果部位外移,使营养物质供应方便,结果枝生长健壮。三是在生长旺盛的 4 月中、下旬,疏除生长过旺的徒长枝、过密枝,可以节约养分、改善通风透光条件。

④ 拉枝:拉枝是缓和树势、提早结果、防止枝干下部光秃无枝的关键措施。对于 3 年生以上的大枝,可以在 5～6 月树液流动、枝干变软时,按树形所要求的角度采取"拉、撑、吊、别"等方法将枝拉开定型。这样,被拉枝的中下部都能抽出枝条,以免下部空虚、光秃。但是,拉枝一定注意不能将枝拉成水平或下垂成弓形,否则会使被拉枝先端衰弱、背上或弯曲处易抽生强旺枝条,达不到拉枝的目的。反之,若拉的角度不够,仍然容易产生上强下弱、下部光秃的情况。根据多年实践经验,拉枝的角度以 80°左右为宜。拉枝要注意不要把大枝拉劈,以免引起流胶而愈合不良。最好在拉枝部位垫上松软物品,防止拉伤。

(2) 夏季修剪的时期及主要修剪任务:桃树夏季修剪从萌芽到新梢停止生长前均可进行,但以 4～5 月(芽萌动)开始到 8 月前后最好。

① 第 1 次夏剪(5 月中、下旬):此期新梢迅速生长,修剪的主要任务是调整好骨干枝的方向和角度、均衡树势、控制直立旺枝,延长枝继续按整形的要求抑强扶弱,调整各枝组之间的长势。强旺延长枝可用适当的二次带头,开张角度。背上直立旺枝,有生长空间的,留基部 3～5 片叶短截,促发二次枝培养成中小型结果枝组;无空间的,将影响光照的枝从基部疏除。

② 第 2 次夏剪(7 月上、中旬):新梢缓慢生长,花芽开始分化。此期修剪的主要任务是改善通风透光条件,促使积累的营养向果实生长和花芽分化方向转移,修剪不宜过重。对第 1 次修剪后的直立枝、旺长枝所发的萌蘖,要疏除位于上部的 1～2 个旺枝,同时疏除

弱枝、并生密枝及无用的冗长枝。

③ 第 3 次夏剪(8 月下旬至 9 月中旬):此期的修剪以改善通风透光条件为主,修剪不宜过重,以免影响光合作用、削弱树势。

六、常用的修剪方式

果树的修剪方式对幼树的早结果和早丰产影响很大。为了利于桃树枝条的更新,限制枝条的伸长生长,传统修剪多采用以短截为主的修剪方式,即对保留下的 1 年生枝条大部分进行不同程度的短截,称为短枝修剪方式。随着生产技术的进步、栽培条件的改善和生产模式的变革,自 20 世纪 90 年代开始,我国桃树修剪方式发生了重大的变革,以疏剪和甩放为主的长枝修剪技术逐步取代了传统的短枝修剪技术。现在桃生产上采用的修剪方式主要有两种:短枝修剪和长枝修剪。

1. 短枝修剪方式(也称为传统修剪方式)

在桃树休眠期的修剪过程中,对所有保留下来的大部分 1 年生枝进行不同程度的短截,修剪后留下的 1 年生枝都比较短(大部分控制在 20 cm 以内),所以通常称为短枝修剪方式。短枝修剪是我国桃树修剪采用的最传统和最主要的修剪方式。多年来,我国的桃树修剪一直以短枝修剪方式为主。

短枝修剪的主要特点是树体保持有较旺盛的营养生长,有利于树体的更新复壮,结果枝组稳健。缺点是树体很容易造成外强内弱、上强下弱,结果部位外移的速度快,树冠内膛的枝条枯死严重。目前,在我国桃主产区短枝修剪方式正逐步被长枝修剪方式所取代。

具体培养方法:树体从幼苗开始,无论选择何种树形,冬剪时对大部分 1 年生枝条都以短截为主要修剪方法处理。一般枝条冬剪时截留长度大部分控制在 20 cm 左右(结果枝留 6～7 对饱满的花芽),不同部位的枝条要长短结合,建立合理的叶幕结构。枝组培养一般用连续短截法,结果枝的更新可分为单枝更新和双枝更新两种方法。

2. 长枝修剪方式

桃树长枝修剪方式的研究与推广是我国桃栽培技术的一次重要变革。主要特点:冬剪时对 1 年生枝主要以疏剪和甩放为主,基本不短截;对多年生枝适度进行回缩更新。休眠期修剪后留下的 1 年生枝条多为中、长果枝,都比较长。相对于传统的短枝修剪而言,这种修剪方式被称为长枝修剪方式。优点是树势稳定、结果质量好、产量高、成熟期比较一致。

(1)长枝修剪方式的技术要点

① 树形:从理论上说,长枝修剪适合各种树形。目前根据栽植密度,采用较多的为三主枝开心形或两主枝"Y"形。

② 主枝数量:根据栽植密度和树形,每 $667 m^2$ 主枝数量控制在 $80 \sim 120$ 个。

③ 原则上不留侧枝:根据主枝的大小,每个主枝上留 $6 \sim 8$ 个大、中型枝组,结果枝组均匀分布在主枝两侧,不留背上和背下枝组,同侧大枝组间相距 80 cm 以上。

④ 主枝角度:幼树时,主枝角度控制在 $40° \sim 45°$;进入结果期后,由于果实重力的作用,主枝角度加大,控制在 $50° \sim 60°$。

(2)定植后 $1 \sim 2$ 年生幼树的修剪:幼树在整形修剪期间,应特别注重夏季修剪。

① 夏季修剪:定植后,对骨干枝或预备干枝在第 1 个生长季节里摘心 $2 \sim 3$ 次,第 2 年摘心 $1 \sim 2$ 次;而对于非骨干枝每年摘心 $1 \sim 2$ 次。第 1 次摘心一般在 5 月枝梢迅速生长期间进行,长度在 10 cm 以上的新梢均保留 10 cm 进行摘心(或剪);第 2 次在上次摘心 3 周或 1 个月后进行,除上次摘心处理过的枝梢外,还包括生长势旺盛的徒长枝梢,保留长度为 $15 \sim 20$ cm。第 1 次摘心时间的早晚主要取决于树体的生长势,树体生长势越旺盛,摘心的时间越早。此外,在生长季节里对树冠内膛过密的枝梢进行疏除,可以改善树冠的通风透光条件,促进保留枝条的生长发育。

② 冬季修剪:冬季修剪时首先选留骨干枝,一般根据所使用的

树形需求选留 6～10 个预备主枝。在未来的 2～3 年里,根据预备主枝生长角度及生长势等状况,最后保留所需数量的优良骨干枝。对于已淘汰的预备骨干枝,通过回缩,形成临时性结果枝组,经 2～3 年结果后完全疏除。对骨干枝延长头,使用带小橛延长技术,小橛保留长度为 10～15 cm。对于其他的枝条,甩放或疏除,一般骨干枝上每 15～20 cm 保留 1 个长结果枝,其余的枝一律疏除。总体原则是,生长旺盛的树修剪要轻,保留枝的密度相对较大一些,总枝量要多;而生长较弱的树修剪要重,保留枝条总枝量要少。

(3) 3 年生以上树的修剪:幼年树和成年树整形修剪的主要区别在于对延长头的处理方法。幼树的延长头带小橛延长;成年树的延长头处理取决于树体的生长势,即旺树疏除延长头上的部分或全部副梢,中庸树压缩至健壮的副梢处,弱树带小橛延长。树势开张的品种处于盛果后期时,主枝呈水平或下垂状,这时抬高主枝延长头的角度很重要,具体方法是在主枝上选留 1 个直立且生长旺盛的枝条,进行带小橛延长修剪。

① 冬季修剪:对骨干枝以外小枝的处理,骨干枝(包括大型结果枝组)上每 15～20 cm 留 1 个结果枝,同侧枝条的距离一般在 40 cm 以上。40 cm 以内的 1 年生母枝更新能力弱,难以满足更新要求;40～70 cm 的长枝生长和更新能力均能较好地满足生长要求;70 cm 以上的 1 年生枝条自我更新能力最强,但生长过旺,影响树体通风透光与结果能力的平衡。因此,长枝修剪时,保留 40～70 cm 长的枝条较为适宜。短于 40 cm 的中长枝,在树体枝条数量够用的情况下原则上一律疏除,但可适当保留一些短果枝和花束状果枝。树势直立的品种,主要保留斜上枝或水平枝,树体上部可适当保留一些背下枝,尤其是幼年树,适当多留水平枝及背下枝,有利于开张树冠和提早结果。枝叶和果实质量能导致 1 年生长枝弯曲下垂,并从其基部抽出健壮更新枝。冬季修剪时,可将已结果的母枝回缩到基部的直立健壮更新枝处。结果后,枝组基部附近的骨干枝已萌发的长果枝也可作为更新枝。

② 夏季修剪:疏除过密枝梢和徒长枝梢,改善通风透光条件,确保果实全面着色。夏剪是在疏果之后或与疏果同时进行的重要

修剪措施。在采果之前要疏剪 2～3 次。对桃树实行长枝修剪后,在树冠内膛的多年生骨干枝上,由潜伏芽或不定芽抽生出大量的萌枝。因此,需在 5 月下旬或 6 月上旬,视空间大小,对这些萌枝进行处理,对无用的萌枝一律疏除;对可作为更新的萌枝留 15～20 cm 摘心或剪梢,有利于培养健壮的结果枝组,实现内膛枝组的更新复壮。

(4)长枝修剪应注意的问题

① 尽快获得早期丰产,防止盛果期后不能维持正常的树冠体积,并有利于更新,果树的栽培密度不能过小,株行距以 4 m×6 m 左右为宜。

② 定植的 1～2 年生幼树,应尽快扩大树冠。为此,定植后 1～2 年内应疏除全部果实,尤其是树势开张的品种,过早结果会导致枝条角度过于开张,以后难以维持正常树势。

③ 修剪后,树体的花芽量相对增大,要注意人工疏花疏果,调节树体负载量,以获得优质果实和实现枝条更新。

④ 对生长势开始变弱的树进行长枝修剪,应加强肥水管理。长枝修剪的树叶面积大,水分蒸发量大,应增加灌溉次数和灌溉量。

七、丰产树形及整形技术

1. 三主枝自然开心形【图版 3】

主干定干高度为 60～70 cm,有利于机械操作。选留主枝,在整形带内选留 3 个水平夹角为 120°左右的新梢作主枝,3 个主枝错落着生,与主干结合牢固,主枝小弯曲延伸,枝距 5～10 cm,基角 50°～60°。侧枝配置分布要均匀,第 1 侧枝距主干 60～70 cm,第 2 侧枝距第 1 侧枝 40～60 cm,向两侧交错着生,角度大于主枝基角。培养大中型结果枝组采用先截后放、先放后缩、去直留平、去强留弱的方式,多留结果枝,结果枝组修剪可采用双枝更新和单枝更新法;小型结果枝培养可采用 10～15 cm 短截,促其发枝。

总之,做到树冠大而不空,小枝多而不挤,全树光照良好,有利于立体结果,盛产期产量稳定,寿命延长。

2."Y"形【图版3】

"Y"形树形有利于通风透光、机械操作,节省人工,其结构搭建和整形方法介绍如下。

(1)"Y"形钢架结构行株距及角度:"Y"形钢架结构角度不同,其行距有所不同,根据设定的行株距 5 m×4.5 m、4.5 m×4 m,相对应的"Y"形钢架结构角度(两根钢管的夹角)分别为 90°、80°。

(2)"Y"形钢架结构建造:"Y"形树形是由东西 2 个主枝东西对称分布,桃树的结果部位均在 2 个主枝分出的侧枝上。为减轻桃树主枝的承受压力和改变桃树枝条直立生长的特性,所以在"Y"形树形的构建过程中必须建立辅助支撑结构。"Y"形钢架结构由基座和 2 根管组成"Y"字形。基座高于地面 40 cm,每根钢管 2.6~2.8 m。钢管间距分 10 m 和 15 m 两个处理。在 2 根钢管上分别沿桃树行向水平分布 4 根钢丝,每根钢丝的间距分 50 cm 和 60 cm 两个处理。

(3)定植技术

① 三沟配套,畦面做成龟背形:露地栽种模式,畦沟深 40 cm、宽 40 cm;腰沟深 60 cm、宽 60 cm;围沟深 80 cm、宽 80 cm。设施栽培模式,畦沟深 30 cm、宽 30 cm;围沟深 80 cm、宽 80 cm。

② 定植密度:行距×株距为 5 m×4.5 m(30 株/667 m^2),或 4.5 m×4 m(37 株/667 m^2)。

(4)"Y"形树形培养技术:桃苗定植后,在距地面 50~60 cm 处选择剪口下 2~3 芽为东西芽进行短截定干。在 5 月上中旬,除顶端保留东西 2 个主枝外,其余枝生长到 20 cm 摘心留作辅养枝,培养成结果枝组,利用其早期结果。8 月上旬,通过"Y"形钢架结构将主枝按 45°拉枝开角,调整主枝为南北方位。

第 2 年 3 月,除主枝延长枝外,其余辅养枝和结果枝依据成花情况可轻剪或不剪,待果实采收后再作调整处理。通过 3~4 年可基本形成要求树形。树形基本特点为主干高 50 cm 左右,主干上分布 2 大主枝,每个主枝由下至上两侧逐渐排布羽毛状的结果枝,结果枝与结果枝间距保持在 15～20 cm,结果枝更新采用单枝更新。

3. 主干形【图版 3】

该树形是早熟、极早熟桃露地限根栽培或大棚栽培常用树形。包括改良纺锤形、圆柱形、主干分层形、松塔形等。以下以圆柱形为例。

树形要点:干高 40～50 cm,树高 2～3 m,在中心干上分层或不分层螺旋状每隔 10～15 cm 轮生 15～20 个大型结果枝组,下大上小,下密上稀。

第 1 年,成品苗 70 cm 高定干,萌发新梢。在 5～6 月,对长势好的副梢长至 15 cm 时,留 3～4 片叶摘心,促其多发新梢。6 月下旬至 7 月中旬,当再次发出的健壮副梢长至 30 cm 左右时,可再次摘心。冬剪时,主干头轻短截,地面以上 40 cm 内的枝条全部剪掉;40 cm 以上超过主干 1/3 粗度的枝条全部台剪,保持主干绝对优势。

第 2 年,在主干顶部发出的新梢中选 1 根长势好的作为主干延长头直立诱引,其他新梢采取扭梢、摘心、拿枝、拉枝使其水平生长,过密枝或轮生枝抹除。冬剪时,当主干头达到预定高度(2.5～3 m)时,主枝延长头可短截至新梢水平分叉处,按间距 15～20 cm 螺旋式向上配备大的结果枝组,枝组长度不超过 80 cm,与主干夹角为 70°～80°(接近水平);继续回缩超过主干粗度 1/3 的结果枝组,保持主干上的大结果枝组上下生长均衡。此时,树形基本完成。

第六章　设施栽培技术

设施桃树是劳动密集型、资金密集型、技术密集型产业，是农业的高新技术，也是世界各国重点发展的产业，具有良好的发展前景。

一、设施栽培特点

设施桃树的生长发育与露地相比有如下特点：生长期延长，提前 2 个月左右扣棚；果实的发育期比露地栽培延长 10%～15%（1 周左右）；根系、枝梢的生长发育协调性差，土温较气温上升慢，萌芽不整齐，叶芽萌发不整齐，落花落果严重，新梢发育不充实；叶片光合能力下降，只有露地的 70%～80%；果实品质下降，含酸量增加，但由于温差大，果实着色普遍较好；设施栽培可减少降雨影响，减轻病害，若安装防虫网，还可减轻虫害，从而减少农药使用，有利于生产无公害绿色果品。另外，设施栽培具有保温效果，扩大了桃树的栽培区域；还能人为调节市场供应，提高果品的产量和品质，提高经济效益。

二、设施栽培条件

1. 日光温室

跨度 10 m，高度 4～5 m，高跨比（高度/跨度）为 0.4～0.5，单项长度 40~80 m 为宜;方位以坐北朝南为主。在西北地区,由于早晨比傍晚冷得多,且早晨多雾,温室方位可偏西北 5°~10°,以充分利用下午光,这又称为"抢阴";在东部地区,温室方位可偏东北 5°~10°,以充分利用早晨光,这又称为"抢阳"。

2. 塑料大棚

方位以南北走向为宜。竹木结构跨度为 8~12 m,全钢结构跨度为 10~15 m,最宽不超过 18 m;长度以 50~80 m 为宜,最长100 m。竹木结构脊高 3 m 左右,复合及钢架材料脊高 3~3.5 m,连体钢架脊高 3.5~4 m。肩高 1.2~1.5 m,高跨比为 0.25~0.4。

3. 日本桃专用联栋大棚

方位以南北走向为宜。全钢结构单栋跨度 6 m,3 栋以上连接,长度 30~60 m,矢高 4.8 m,肩高 3 m,采用谷换气和侧换气。

4. 棚膜

选用无滴 PE 膜和 PVC 膜,透光率、保温性、耐寒能力 PE＞PVC;吸尘性能、耐老化能力、密度、透湿性、价格 PE＜PVC。在较高结露条件下,PE 膜保温能力反而高于 PVC 膜,且易于黏结和修补。新型棚膜有聚乙烯无滴长寿膜、聚乙烯多功能膜、聚乙烯无滴调光膜及漫反射膜、聚氯乙烯无滴长寿膜和乙烯-醋酸-乙烯 3 层共挤无滴保温长寿膜等。尘埃少的地区用聚氯乙烯膜,城郊多尘地区用聚乙烯膜,高原地区用调光膜。

三、设施栽培模式

1. 促成栽培

促成栽培指设施桃树早熟栽培技术。这是目前生产上最为常见的设施栽培方式,品种以极早熟、早熟品种为主,在达到低温需冷量后即可扣棚,开始早熟生产。

2. 避雨栽培

适用于南方多雨地区或海洋性气候,主要目的是避雨,提高桃品质。桃避雨栽培在日本和我国台湾地区应用较多。台湾地区每年冬春之际即进入雨季,从水蜜桃萌芽前的 2 月被覆聚乙烯膜到 8 月果实成熟后除膜,约有 212 d 的棚内隔雨期,大约隔离了全年 75% 的雨量,避免了降雨对桃树生长和田间作业的干扰,对桃树生长结果危害极大的细菌性穿孔病在避雨棚内几乎绝迹。正是由于避雨栽培技术,我国台湾地区的桃产业才得以快速发展。

四、设施桃对环境的要求

1. 温度

(1)休眠与需冷量:桃树在 1 年中要经历一个萌芽、开花、结果到落叶休眠的年周期,即相对静止的休眠期和非常活跃的生长期。这两个阶段紧密联系,互为基础。桃树从生长转为休眠需要通过一系列的生理变化,如呼吸强度下降、生命活动减弱等。在这种情况下,即使给予适合的条件也难以发芽,故称这种休眠为自然休眠或深休眠、真休眠。桃树在解除休眠后,如果不具备发芽条件而继续休眠的,称为被迫休眠。休眠不仅可以使桃树度过寒冬,而且也是桃树正常开花结果所必需的一个过程。桃树休眠主要分为 3 个阶段,即预休眠、内休眠和环境休眠。休眠与生长是相对而言的,它只表明树体外部形态变化的暂时停顿,而内部的各种生理活动,如呼吸作用、蒸腾作用和芽的分化等仍在继续进行。桃树的不同树龄阶段、树体各器官及不同部位的休眠期不完全一致,幼树比成年树停长晚,进入休眠也晚;根颈休眠最晚而解除休眠最早。芽的休眠是在落叶前就慢慢开始的,在落叶期休眠最深。同一品种,其叶芽和花芽的低温需求量和对温度的敏感性也不一样。

桃树的需冷量($0 \sim 7.2\,℃$ 低温累计时数)为 $700 \sim 1\,200\,h$,如果需冷量不够就扣棚升温,会造成桃树不能正常萌芽、开花,甚至引起花蕾脱落,花期不整齐,且花期明显拉长,落花落果严重,最终影响产量;同时还会出现叶芽先于花芽萌发的"倒序"现象,使叶芽争夺贮备养分,导致坐果率降低。

（2）设施桃对温度的要求

① 休眠期:当温度在$-25 \sim -23$℃时。桃树易发生冻害,花芽在-18℃左右时即受低温伤害,花蕾能耐-3.9℃,花能耐-2.8℃的低温,幼果在-1.1℃的低温下就发生冻害。因此,北方地区为防冻害,又保证满足需冷量而通过休眠,在11月中下旬后即扣棚盖草苫,然后通过通风调节,使室内温度保持在$-2 \sim 7.2$℃,直到通过休眠。

② 升温到揭除棚膜:桃的枝叶生长适温是$18 \sim 23$℃,从开始升温到萌芽,棚内日均温应为$5 \sim 10$℃,或白天在28℃以下、夜温在2℃以上;从萌芽到开花,日均适宜温度$10 \sim 15$℃,最低6℃以上,最高$24 \sim 28$℃;花期适宜日平均温度为$12 \sim 14$℃,最低7℃以上,最高不超过28℃,或白天$20 \sim 25$℃、夜间不低于5℃;着果到果成熟适宜温度$15 \sim 24$℃,白天低于28℃、夜间保持在15℃左右,果实膨大期要严格避免高温伤害(表$6-1$)。

表$6-1$　大棚栽培桃树不同生育期的适宜温湿度

生育期	最高气温/℃	最低气温/℃	相对湿度/%
催芽期	28	0	80
萌芽期	28	0	$70 \sim 80$
始花期	20	5	$50 \sim 60$
盛花期	22	5	$50 \sim 60$
落花期	25	5	$50 \sim 60$
生理落果	25	5	<60
新梢生长	25	10	<60
硬核期	25	10	<60
果实膨大期	26	10	<60
果实着色期	28	15	<60
采收期	30	10	$40 \sim 60$

（3）地温:当地温达到0℃以上时,桃根系可以吸收同化氮素;当地温达到5℃左右时,根系开始生长。根系生长适宜地温为

18 ℃,受冻害的温度为 −11～−10 ℃,因高温而停长的温度为 26～30 ℃。

早春扣棚后,地温的迅速升高对设施桃栽培十分重要。早春,北方 2 月下旬到 3 月上旬,一般露地 10 cm 处地温平均升高 4～6 ℃需要 15～20 d。在早春扣棚前,及早覆上地膜,可以很快使 10 cm 处地温达到 4～6 ℃。由此说明,尽快提高土温就可以提早设施桃的成熟期,并形成健康发育的根系。

2. 相对湿度

设施内空气相对湿度较大,白天多为 60%～80%,夜间常达 90%～95%,阴雨天湿度还要高。所以,控制过高的空气相对湿度是保证桃正常发育的关键。桃从扣棚到开花前,空气相对湿度应调控在 70%～80%;开花期应保持在 50%～60%;花后至果实采收,相对湿度应保持在 60%以下。

3. 光照

桃是喜光树种,对光照不足甚为敏感。在设施栽培环境下,日光温室室内光照强度明显小于室外,室内距地 1 m 以上的光照强度为室外的 60%～80%;大棚为露地条件下的 60%～70%。设施栽培的日照时间:12 月和 1 月最短,为 6～8 h;5～6 月最长,为 11～13 h。所以,努力改善光照是设施栽培的重要内容。

4. 空气

设施内空气条件与桃生产栽培关系密切的主要是二氧化碳(CO_2)气体的浓度,其次为有害气体的影响。

(1) 二氧化碳:在自然条件下,大气中 CO_2 的通常含量为 340 $\mu L/L$ 左右,这个浓度基本能保证植物的正常生长发育;适当增加 CO_2 浓度,桃树就能增加产量。

大多数果树的 CO_2 补偿点为 50～100 $\mu L/L$。在 50～100 klx 的光照下,大多数作物的 CO_2 饱和点为 800～1 800 $\mu L/L$。设施内 CO_2 浓度晴天可以控制在 1 000～1 500 $\mu L/L$,阴天应控制在 500～1 000 $\mu L/L$。

(2) 有害气体:设施内桃树主要易受氨气(NH_3)和二氧化氮(NO_2)的毒害。当氨气浓度积累到 5 $\mu L/L$ 时,会引起桃树中毒受害。氨气的主要来源是未经腐熟的畜禽粪便和饼肥,这些肥料在棚内继续发酵而产生大量的氨气。另外,施用碳酸氢铵和撒施尿素,都易引起氨气中毒。

当二氧化氮(NO_2)浓度达到 $2\,\mu L/L$ 时,会造成桃树伤害。二氧化氮(NO_2)的主要来源是连续施用大量氮素化肥,使土壤中积累了大量的亚硝酸,促使土壤呈现强酸化而挥发出来。

此外,通风不良时,喷洒波尔多液会游离出铜离子,喷用敌百虫会游离出氯离子,对果树和人都有毒害。

五、环境因子调控

1. 温度

在桃设施栽培中温度调控至关重要,关系到设施栽培的成功与否。

(1) 大棚温度管理的 3 个关键时期:扣棚后的升温过程;花期;果实膨大期。升温三部曲,即 $12\,℃$、$16\,℃$、$20\,℃$,每隔 $5\,d$ 上升一个台阶。控制在扣棚后 $30\sim35\,d$ 开花为正常;如果少于 $30\,d$ 开花,则花器官发育不良,败育花比例提高。

需冷量是扣棚的首要依据,但不是唯一依据。要确定适宜的扣棚时期,还要考虑计划果实上市时间的早晚和市场的需求情况、设施条件的好坏、保温性能等。加温温室扣棚时间为 12 月中下旬,日光温室为 1 月初,塑料大棚为 2 月初。扣棚前 $20\sim30\,d$ 先浇 1 次透水,待园地充分落水后,再对树盘覆膜,可使前期土壤温度提高 $2\sim3\,℃$。升温时应循序渐进,可依次覆盖地膜、顶膜、裙膜,整个过程持续 $7\sim10\,d$。

日平均气温达 $15\,℃$ 以上,果实已接近成熟时揭棚。揭棚可结合采果前的开窗通风透光逐步进行,逐渐开大,经 $3\sim5\,d$ 放风锻炼,增强设施果树对环境的适应能力,再经 $2\sim3\,d$ 完全揭膜。

上海地区早中熟桃成熟期常遇梅雨天气,因此坐果后即可去掉裙膜,改为避雨栽培模式。晴天开顶膜,雨天盖顶膜。

温度调控要把握花前、花期、果实发育期的调控,注意协调好地温和气温,调温时要注意逐渐进行。

（2）温度测量：在棚的东西两侧和中部悬挂 3 支温度计,距地面 1.5 m 左右,避免阳光直射,最好放在百叶箱内。测量地温时,分别测出 5 cm、10 cm、30 cm 深处的地温即可。

2. 湿度

催芽时空气相对湿度 70%～80%,花期 60% 左右,果实发育期应小于 60%。花期湿度过高影响授粉坐果,可采用通风换气、覆盖地膜、改变温度和控制灌水等措施调节和控制。大棚内严禁大水漫灌,采用滴灌可明显降低大棚和温室空气湿度。

3. 光照

采用合理的大棚结构,延长光照时间;悬挂反光膜;果实成熟前 1 个月在地面铺设反光膜,提高叶片的光合能力和促进果实着色;定期清洁棚膜以利透光;此外还可人工补光。

4. 二氧化碳浓度

主要调控措施有：多施有机肥,1 t 有机肥最终能释放出 1.5 t 二氧化碳;及时通风换气;施用固体二氧化碳肥,通常于桃树开花前 5 d 施用,每 667 m^2 施 40 kg,能使棚内二氧化碳浓度达到 1‰,施后 6 d 产气,有效期 90 d 左右,高效期 40～60 d;利用二氧化碳发生器施肥。

六、设施栽培的树形

设施桃树栽植密度大,根据品种特点和设施空间及高度,选用的树形与露地也有很大不同。设施桃树树形建议采用"Y"形和主干形,便于操作管理,具体树形管理见整形修剪一章。

无论采用哪种树形,只要调整好群体结构和树体结构,均可实现高产优质。在结构调整中主要考虑树高、骨干枝枝头间距、结果枝留量和树冠内各部位生长势均衡。为便于操作管理,保证通风透光,一般树高应小于行距,并低于设施棚膜0.5～1.0 m,随设施高度变化进行调整;骨干枝枝头间距不小于50 cm;修剪后30 cm以上长果枝每平方米营养面积留量8～12个,树冠内枝组分布应上部小而稀,控制上强和外强,使上下、前后各部位生长势均衡,并保证叶幕形成后树冠投影部位光斑面积占投影面积的30％以上。

七、设施栽培的水肥管理

1. 灌水

设施栽培的灌溉技术不同于露地,目前采用最多的是膜下滴灌(表6-2),不但节水节能、节省人力、便于管理,而且能降低空气湿度、提高坐果率、减少病害,还可保护土壤结构。

表6-2　桃树滴灌定额

品种	生育期	每667 m²定额量/t	滴灌时间/min	间隔期/d	次数
桃	覆盖前期	6	4	10	2
	花前10 d	3	65		1
	开花期至落花后	0			
油桃	花后至硬核	7.2	3	10～15	2
	硬核至采果前10 d	7.2	3		1
	采后	14.5	6	10	1

扣棚前20～40 d要灌1次透水;待地面稍干后,用地膜覆盖地面,提高地温。生长季节最好采用膜下灌溉,覆膜时可在膜下铺设滴管。灌水的原则是按生育期前促后控,花前必须灌1次透水,每次施肥后要马上灌1次透水,果实2个膨大期、硬核期、新梢生长

要适当灌水。

2. 施肥

9～10 月，棚膜揭掉并对树体修剪后施基肥，有条件应尽可能使用生物有机肥，每 667 m² 施 5 000 kg，在树冠投影外围 30 cm 左右开沟施入。追肥应在萌芽前期和硬核期进行，生长前期以氮肥为主，配合磷、钾肥，花芽分化期和果头膨大期主要施磷、钾肥（果实膨大期：每隔 7～10 d 喷 1 次 0.2～0.3％尿素加 0.2～0.3％磷酸二氢钾溶液，连喷 2～3 次），果实采收后及时补肥，株施尿素 0.25 kg、复合肥 0.25～0.5 kg；叶面喷肥于花后 2 周开始，0.3％尿素与0.3％磷酸二氢钾，每隔 7 d 交替进行。

3. 预防土壤盐渍化

设施栽培条件下，由于缺乏自然降水的淋溶作用，盐分在土壤表层积聚；高温干旱造成深层盐分上返；过多使用化肥，土壤严重缺乏有机质，造成盐分积累形成盐渍化。预防措施有增施有机肥和有机质、合理使用化肥（严禁使用氯肥）、加强土壤改良、采收后揭去顶膜等方法。

第七章　花果管理技术

一、落花落果的原因

生理落果是水蜜桃生产上存在的问题之一,在苏、浙、沪及南方多雨条件下,幼龄树旺盛和某些黄桃表现更为突出。生理落果有3个高峰期:①开花后 10～15 d,由于雌蕊发育不全,树体营养状况差,花期受低温冻害,以致授粉(受精)不良而引起落果;②开花后30～40 d,子房膨大如蚕豆大,因花粉发育不完全和授粉不良、花期气候不良而引起落果;③硬核期,又称 6 月落果,由于树体营养不足,胚停止发育而引起。另外,环境条件不良和栽培措施不当,如水分失调、土壤积水、长期阴雨、日照不足、枝梢旺长、病虫为害、氮肥过多或过少、修剪过重或过轻、风沙侵袭等都会造成大量落花落果。在生产中应根据不同情况,采取不同的保花保果措施。

二、保花保果的措施

1. 配置授粉树种

对无花粉的水蜜桃品种如"大团蜜露",种植时配置授粉品种。授粉品种应与主栽品种花期相近、亲和力强,开花期长,花粉多,而且最好与主栽品种同时成熟。授粉树的搭配以行列式为简单易行,授粉效果也较好,可以隔行栽种,也可以隔2～4 行栽种。

2. 人工授粉

对无花粉或花粉少的品种,结果枝花芽发育差,花期遇阴雨、低温等恶劣环境条件,缺乏访花昆虫,设施栽培及生产高档商品果时需要进行人工授粉。方法是选择品质优良、花粉量多、开花较早的"玉露""白凤"等作为授粉品种。

(1) 花蕾的采集:选择花粉多、与授粉品种花期相同或稍早的优良品种,采集即将开放的花蕾或已开尚未散粉的花,按 $1\sim2$ kg/hm^2 花蕾准备。

(2) 花药的采集:用小型粉碎机将已采集的花蕾粉碎或通过孔径 $2\sim3$ mm 的筛或摩擦过滤,将花药与花瓣分离。

(3) 开药:将已分离的花药薄薄地摊在牛皮纸上,放在无直射阳光、干燥温暖的环境下 $1\sim2$ d 让其自行开花,或放在 $20\sim25$ ℃、相对湿度 $65\%\sim80\%$ 的人工环境下 $0.5\sim1$ d,待纸面上出现黄色粉末,开药结束。开药温度不可高于 25 ℃,如果温度达 30 ℃以上,花粉的发芽率非常低。

(4) 花粉的贮藏:将花粉用蜡纸包裹或置于茶筒类密闭容器中,放置在 $0\sim5$ ℃的低温干燥环境下,保存 1 周左右发芽力不受影响。

(5) 花粉发芽率鉴定:将花粉培养在 10% 蔗糖、0.01% 硼酸、1% 琼脂的培养基上,在 $20\sim25$ ℃且高湿的条件下培养 4 h 后放在显微镜下观察,花粉发芽率达 60% 以上可以使用。

(6) 授粉时期:在 $40\%\sim50\%$ 和 80% 花盛开时各授粉 1 次。授粉时间在露水干后,一般在 9 时至 16 时进行;授粉后 3 h 内遇雨,应重复授粉。

(7) 授粉方法

① 动力散粉:按 30 mL/hm^2 纯花粉(除去花药和花丝等)准备,加入 10 倍(容积)滑石粉,用果树授粉机进行授粉。注意根据树体枝条位置调节喷粉量,确保授粉全面、均匀。

② 液体喷雾授粉:花粉 50 g,蔗糖 500 g,硼砂 20 g,加水 10 kg混合,在盛花期喷雾。

③ 棉棒授粉:用棉花、羽毛制成直径 2 cm 左右的棉棒,捆扎在

$2\sim 3$ m 长的棍棒上,将含有花药等少量杂质的粗花粉按 100 mL/hm^2 使用量添加 2 倍(容积)滑石粉,用棉棒沾上混合花粉,每次授 $60\sim 80$ 朵花。

④ 人工点授:用毛笔头或橡皮头沾上花粉轻轻抹在雌蕊柱头上即可,或摘取授粉树已开药的花直接花对花接触授粉。一朵花可授 $20\sim 30$ 朵花。

⑤ 鸡毛掸子滚授法:把事先准备好的鸡毛掸子用白酒洗去鸡毛的油脂,干后将掸子绑在木棍上。当花朵大量开放时,先在授粉树开花处反复滚沾花粉,然后移至主栽品种上,上下内外滚授。

3. 高接授粉枝或挂花枝

高接同期开花的授粉品种枝或剪取盛花期相同的授粉品种过多花枝,插入水罐中(水以自来水或纯净水为宜),挂在树冠上部,借助昆虫和风力散布花粉,达到授粉的目的。

4. 花期放蜂

桃树通过蜜蜂传播花粉效益较高,能增加产量。在花期放蜂传粉,一般每 667 m^2 桃园放养 1 箱蜜蜂即可达到较好的效果。

5. 加强栽培管理

旺树上半年少施或不施氮肥,只施磷、钾肥,下半年多施基肥;弱树在花前 $15\sim 20$ d 增施 1 次速效氮肥,采后适当补肥。对旺树采取夏重冬轻的修剪方法,加强夏季管理,缓解梢果养分竞争矛盾,减少树冠荫蔽,改善光照条件,减少生理落果;雨季要加强开沟排水,防止积水;加强病虫害防治。做好以上工作,可以减少生理落果,保证丰产、优质。同时,加强采后管理,可防止提早落叶,增加树体营养积累。

三、疏花疏果

疏花疏果与保花保果是相辅相成的技术措施。疏花疏果通过合理的负载能达到更好的保果目的,提高商品果比例。

1. 疏花芽

可结合冬季修剪进行,省工省力,节约营养。全树花芽数量依品种、长势而定。一般都需留有足够的花芽量,以保证来年的产量。

2. 疏花

苏、浙、沪地区桃花期常常会遇到低温多雨,对桃树坐果不利,所以一般不建议疏花。有多年栽培经验的生产人员,可根据品种的特性进行适量疏花,以促进果实质量的提高。人工疏花的时期在大花蕾至初花期进行。疏去早开的花、畸形花、晚开的花、朝天花和无叶枝上的花。要求留下结果枝上、中部的花,花间距离合理而均匀。疏花量控制在总花量的 1/3 左右,方法为用手摘去花蕾或花。

3. 疏果

(1)留果标准:主要依树龄、树势、品种和管理水平而定。

① 叶果比:桃树合理的叶果数量比(5月下旬)为 20:1~40:1(表 7-1)。

表7-1 定果后叶果比标准(5月中下旬)

品种	叶果比
早熟品种	20:1~30:1
中熟品种	25:1~35:1
晚熟品种	30:1~40:1

② 按枝定果:长果枝留 3~4 果,中果枝留 2~3 果,短果枝留 1 果,花束状结果枝不留。早熟品种适当多留,晚熟品种尽量少留。

③ 按主干粗度定果:通过测量主干的周长计算留果量(表7-2)。

表7-2 桃树主干周长与留果量的关系

主干周长/cm	株留果量/个	主干周长/cm	株留果量/个
20	100	50	600
30	240	60	1 050
40	400	70	1 440

④ 按枝果比定果:不同枝果比影响桃单果重(表7-3)。

表7-3 "白花"桃枝果比与单果重的关系

枝果比	平均果重/g
1.06∶1	85.9
1.33∶1	113.8
2.09∶1	114.9

(2)留果原则:大果型品种比小果型品种留果少,鲜食用果品种比加工用果品种留果要少,长势弱的树比长势强的树留果要少(表7-4)。通常自上而下、由内向外按枝顺序分2~3次疏果后再定果;早熟果疏1次,中熟果疏2次,晚熟果疏3次。生理落果少的品种疏果次数宜少,生理落果多的品种疏果次数宜多(4次)。

表7-4 树势与疏果目标

树势	疏蕾程度	疏果	定果	补充疏果	留果指数
强	弱疏,60%~70%	按最终坐果数的2倍	最终坐果数的20%多留	分2~3次疏除发育不良果、变形果、病虫果	105~110
中庸	正常疏蕾,70%~80%	按最终坐果数多留50%	最终坐果数的5%~10%多留	同上	100
弱	强疏,80%	按最终坐果数多留20%	最终坐果数的5%多留	同上	95~90

（3）疏果的时期和留果量

① 疏果：一般在盛花后 20～30 d 进行，无花粉的品种在盛花后 30 d 后进行。疏去总果量的 60%～70%。长果枝留 4～5 果，中果枝留 3～4 果，短果枝留 1～2 果。首先疏除发育不良的小果、畸形果、虫果；其次疏除着生位置差的果实，如背上果、结果枝基部和顶部果、花束状结果枝和无叶芽枝上的果实。

② 定果：盛花后 40 d 左右进行。长果枝 2～3 果，中果枝 1～2 果，短果枝 1 果。外围上部枝条适当多留，下部、内膛结果枝少留；强枝强树多留，弱枝弱树少留。定果后桃的叶果比要保持在 20：1～40：1（表 7-5）。留无病虫的健全果，果实大小适中，浓绿色，果面光洁，纵径长；留结果枝中上部、叶片数多的部位的果实；上部、外围结果枝留斜向下果实，下部、内膛结果枝留斜向上的果实，调整着色一致。

表 7-5 以枝定果的目标

项目	长果枝（30 cm 以上）	中果枝（10～30 cm）	短果枝（10 cm 以下）
定果数 果实位置	2～3 个果实 枝条先端到中部	1～2 个果实 枝条中部稍偏先端	4～5 个枝留 1 个果实 枝条先端

四、套袋技术

套袋可以防止病虫和鸟类对果实的为害，提高果实的品质，增加果实的商品率。但果实套袋后着色较差，因此，在采前 1 周左右要进行除袋，以提高着色程度及果实含糖量。

1. 套袋时间

桃的套袋于疏果后、生理落果结束时进行为宜。桃盛花后 30 d 内要进行严格疏果，在第 2 次生理落果（硬核期）即谢花后 50～55 d 进行套袋，在 5 月中、下旬到 6 月初完成。套袋以晴天 8～11 时和

14～17时进行为宜。中晚熟品种一般在定果后、主要病虫发生前完成。套袋的顺序为中熟、晚熟品种依次进行;坐果率高的先套,坐果率低的后套。

2. 套袋前树体喷药

套袋前喷 1 次杀虫杀菌剂,防治褐腐病、炭疽病、梨小食心虫、桃蛀螟及蚜虫,做到喷药后当天完成套袋。

3. 果实套袋的方法

套袋前,将袋口朝下竖放在湿的地面上或在袋口处喷水,使之返潮、柔韧,便于使用。套袋时,先撑开纸袋,令袋体膨起,使两底角的通气放水孔张开,将果实套于袋内。果实套入后,果柄或母枝对准袋口中央缝,从中间向两侧依次按折扇方式折叠袋口,用铁丝扎紧袋口。目前浙江果农多用订书机,即桃果套袋后,在枝条上用订书机将袋子口订牢即可。通常 1 个劳力每天能套 3 000～4 000只。套袋顺序应先上后下,先里后外。注意不要将叶片套于袋内。

4. 套袋后的管理

一般套袋果的可溶性固形物含量比不套袋果有所降低,在栽培管理上应采取加强提高果实可溶性固形物含量的措施,如增施有机肥和磷钾肥。袋子本身遮光,要及时疏除背上枝、徒长枝,以增加光照强度。果实套袋后蒸腾量减少,随蒸腾液进入果实的钙也减少,果实易因缺钙而使肉质变软,所以要进行叶面补钙。一般在套袋后到采收前,每 10～15 d 喷 1 次 300 倍液的氨基酸钙。

5. 解袋

不同果袋用于不同的品种时,解袋时间及方法均有所不同。

套白色纸袋,对易着色的桃和不上色的桃,采前可不去袋。如解袋时,日照强、气温高,果实易发生日灼,需先将袋体撕开,使之于果实上方呈伞状,以遮挡直射光,使袋内的果实在自然散射光中生长,5～7 d 后再将袋全部解掉。

套黄色纸袋,对不易着色的中、晚熟桃,于采前 15～20 d 将袋底撕开呈伞状,罩在果实上方,经 4～5 个晴天后去袋。

摘袋过早或过晚都达不到预期效果。过早去袋的果实与不套袋的无差别;摘袋过晚,果面着色浅,贮藏易褪色,影响销售。

五、着色期的管理

着色期的管理措施均是为了增糖增色,主要是增色。

1. 地面铺反光膜

桃园铺设反光膜既可促进果实着色,提高果实品质,又可调节果园小气候。反光膜宜选用反光性能好、防潮、防氧化和抗拉力强的复合性塑料镀铝薄膜,一般选用聚丙烯、聚酯铝箔或聚乙烯等材料制成的薄膜。这类薄膜反光率一般可达 60%~70%,使用效果比较好,可连续使用 3~5 年。

2. 地面覆膜

在我国南方地区采用地面覆膜可以降低果实裂果率,提高果实品质。主要方法是在花期顺行铺设 0.018 mm 厚的无色透明地膜,四周及接缝处用土压紧密闭。此法可以有效提高地温,改善树冠下部光照条件。由于覆膜既可直接阻止雨水大量渗入土壤中,又可以减少土壤水分大量蒸发,使土壤中的水分保持相对稳定,从而显著降低裂果率。

3. 摘叶

摘叶就是摘除遮挡果面着色的叶片,是促进果实着色的技术措施。摘叶的方法:左手扶住果枝,用右手大拇指和食指的指甲将叶柄从中部掐断,或用剪刀剪断,而不是将叶柄从芽体上撕下。在叶片密度较小的树冠区域,也可直接将遮挡果面的叶片扭转到果实侧面或背面,使其不再遮挡果实,达到果面均匀着色的目的。

4. 科学施肥

控制氮肥施用量,适当喷施磷钾肥、补钙剂,但注意不要污染果面。

5. 防鸟害

使用驱鸟剂或防鸟网,避免鸟啄食果实。

六、果实采收

1. 采收期

桃果实的大小、品质、风味和色泽是在树上发育过程中形成的，采收后基本上不再提高。如果采收过早，则果实不能达到应有的大小，产量低，果实着色较差，同时果实风味偏淡。如果采收过晚，则果实过于柔软，易受机械伤害，腐烂多，不耐贮运，并且含酸量急剧下降，风味品质变差，采前落果也增加。果实成熟期的判断可从以下几点考虑。

（1）果实发育期及历年采收期：每个品种的果实发育期是相对稳定的，但果实成熟期在不同年份也有变化，这与开花期早晚以及果实发育期间温度高低等有关。

（2）果皮颜色的变化：以果皮底色的变化为主，辅以果实彩色。底色由绿色至黄绿色或乳白色或橙黄色。

（3）果肉颜色的变化：黄肉桃由青转黄，白肉桃由青转乳白色或白色。

（4）果实风味：果实内淀粉转化为糖，含酸量下降、单宁减少、果汁增多、果实有香味，表现出品种固有的风味。

（5）果实硬度与成熟度：果实成熟时，细胞壁的原果胶逐渐水解，细胞壁变薄，溶质桃果肉变软，不溶质桃果肉有弹性，可通过测量硬度判断果实成熟度。

桃果实适宜采收期要根据品种特性、用途、市场远近、运输和贮藏条件等因素来确定。目前，生产上将桃的成熟度分为以下等级，供参考。

① 七成熟：果实充分发育，果面基本平整，果皮底色开始由绿色转黄绿色或白色，茸毛较厚，果实硬度大。

② 八成熟：果皮绿色大部褪去，茸毛减少，白肉品种呈绿白色，黄肉品种呈黄绿色，有色品种开始着色，果实硬度仍较大。

③ 九成熟：绿色全部褪去，白肉品种底色呈乳白色，黄肉品种

呈浅黄色,果面光洁、丰满,果肉弹性大、有芳香味,果面充分着色。

④ 十成熟:果实变软,溶质桃柔软多汁,硬溶质桃开始发软,不溶质桃弹性减小。这时桃硬度已小,易受挤压。

一般距市场较近的果园,宜在八九成熟时采收。距市场远的果园,需长途运输,可在七八成熟时采收。溶质桃宜适当早采收,尤其是软溶质的品种。供贮藏用的桃,一般在七八成熟时采收。

2. 采收方法

采收桃宜选择清晨气温较低的时间段进行。清晨采收的果实,果温低,贮后呼吸弱,有利于贮藏与运输,南方早熟桃成熟季节雨水较多,雨天不适合采收,待雨停,果面干后再采,否则果面上会留下污痕,影响外观。

采果顺序应从外向内,由下到上。采收时要注意轻拿轻放,避免压伤、擦伤、刮伤、指甲伤、摔伤等。每棵树上的果实,根据果实成熟度标准与果品成熟度的要求分 2~3 次采收。在套袋栽培的情况下,可撕破果袋确认果实成熟度后再进行判断,以确定是否采摘。

七、果实分级、包装与贮运

1. 分级

分级是根据桃果的大小、质量、色泽、成熟度、新鲜度、病虫害情况、机械损伤等商品性状,按照内销、外销分级标准进行严格挑选和分级。果实的挑选和分级应根据不同品种的特性,考虑内销和外销的不同要求,制定不同的标准。优质高档桃果应符合下列标准。

(1)外观品质标准:桃果实的外观品质是指果实大小、形状、色泽、新鲜度等。

① 果实大小:根据高档桃果市场的需要,成熟期不同的桃果大小有所差异,其标准如下:极早熟品种的单果重 100~120 g,横径5.5~6.0 cm;早熟品种的单果重 130~150 g,横径 6.0~6.5 cm;中晚熟品种的单果重 180~250 g,横径 6.5~8.0 cm。油桃和蟠桃优

质果的果个大小可适当降低标准。

② 果实形状：桃果品应具有本品种的果形特征。要求果实圆正，缝合线两侧对称，果顶平整。蟠桃的果顶凹陷 2～3 mm。

③ 果实色泽：优质桃果品应具有本品种成熟时的色泽和着色面积，且底色洁净、着色鲜红而有一定的光泽。着色面积越大越好。

④ 果实新鲜度：优质桃果要求新鲜度高，果面无任何伤痕。

（2）果实的风味品质：风味品质是人们通过品尝对果味作出的综合评价，主要受糖酸比和可溶性固形物含量的影响。

① 糖酸比：国内和东南亚地区的消费者多喜欢吃甜桃，而西方国家的消费者则喜欢吃带有酸味的桃。因此，优质桃果的糖酸比标准因消费的习惯而不同。当糖酸比值达 50 时，桃果风味纯甜；当糖酸比值达 33 时，桃果风味酸甜（甜味多、酸味少）；当糖酸比值达 25 时，桃果风味甜酸（甜味少、酸味多）；当糖酸比值达 17 时，桃果风味酸。

② 可溶性固形物含量：果实的可溶性固形物含量与品种的自身发育有关，因此可依果实的成熟期不同而制定不同的标准。极早熟品种的可溶性固形物含量≥9%，早熟品种的可溶性固形物含量≥10%，中熟品种的可溶性固形物含量≥12%，晚熟品种的可溶性固形物含量≥13%。

2. 包装

（1）外包装：主要可分为采收包装、运输包装、贮藏包装和销售包装，提倡将贮藏包装和销售包装分开。贮藏包装应采用抗压、防潮、装量较大的容器；销售包装应采用结实、精美、轻便的纸箱或纸包装。包装好的果箱（盒）应在箱（盒）外注明产地、品种、个数及质量，以及二维码、绿色或无公害等标志。

（2）内包装：内包装是指为了尽量避免果实受振动而碰伤的辅助包装。内包装通常为衬垫、浅盘、各种塑料包装膜等。

3. 贮藏保鲜

不同品种的果实性状对其贮藏性影响很大，果实较硬、汁液相对较少的品种比较耐贮藏，硬肉桃也相对较耐贮藏。

（1）贮藏特性：桃对温度的反应比较敏感，采后的桃在低温条件下呼吸强度被强烈地抑制，易发生冻害。桃果的冷点温度为−2.2～−1.5℃，长期处于 0℃的条件下易发生冻害，在 7℃下有时也会发生冻害，3～4℃是冻害发生的高峰，近 0℃反而小。桃对二氧化碳的反应比较敏感，当二氧化碳的浓度高于 5％时就会发生二氧化碳伤害，二氧化碳伤害的症状为果皮褐斑、溃烂，果肉及维管束褐变，果实生硬，风味异常。

（2）贮藏条件

① 湿度：桃贮藏时的空气相对湿度一般控制在 90％～95％。湿度过大易引起腐烂，湿度过低引起失水、失重而影响商品性。

② 气体成分：桃在 1％氧气、5％二氧化碳的气体条件下，其耐贮性可提高 1 倍（其他条件相同）。

4. 运　输

要求用于果实运输的车辆洁净卫生。装车运输时，装箱排列整齐有序，减少运输途中过分震动而使果实受到伤害。桃果实极不耐挤压，要求运输包装牢固，包装与包装之间最好有硬木板或泡沫膜等隔开。

第八章　病害识别与防治

桃细菌性穿孔病

【图版 3、4】

桃细菌性穿孔病［*Xanthomonas camperstris* pv. *pruni* (Smith) Dye］病原菌为桃叶穿孔病黄单胞菌桃子穿孔变种,属细菌。全国各桃产区均有发生,是桃树主要病害,危害性大,在多雨年份常造成叶片穿孔,严重时引起早期落叶和枝梢枯死,影响果实正常生长和花芽分化,引起落花落果和果实品质下降。该病为害桃、李、杏、樱桃、梅等核果类果树。

【简明诊断特征】　桃细菌性穿孔病主要为害叶片,也侵染枝梢和果实。

叶片发病:初在叶背产生墨绿色或淡褐色水渍状小斑点,后叶面也出现,多在叶尖或叶缘散生,病斑以叶片下方半张为多。病斑扩大后成为紫褐色至黑褐色圆形或不规则形病斑,边缘角质化,直径 2 mm 左右,病斑周围有水渍状黄绿色晕圈。对光观察可透光,这是主要特征之一。最后病斑干枯,病健交界处产生一圈裂纹,病斑中央组织脱落后形成穿孔,孔的边缘不整齐,黄色角质化。

枝条发病:形成 2 种不同形式的病斑,即春季溃疡斑和夏季溃疡斑。春季溃疡斑发生在前一年夏季发病的已被侵染的枝条上。春季当第一批新叶出现时,枝梢上形成暗褐色水渍状小疱疹块,直径约 2 mm,后扩展达 1~10 cm,但宽度不超过枝条直径的 1/2,有时可造成枯梢。春末病斑表皮破裂,病菌溢出,开始蔓延。夏季溃疡斑多于夏末发生,在当年嫩枝上产生水渍状紫褐色斑点,圆形或椭圆形,中央稍凹陷,病斑多以皮孔为中心。最后皮层纵裂成溃疡。夏季溃疡斑不易扩展,但病斑多时,也可使枝条枯死。

果实发病:初为褐色水渍状小圆斑,后扩大为暗紫色,中央稍凹陷,边缘水渍状。天气潮湿时,病斑上有时出现黄色黏质分泌物;干燥时病斑上或周围组织常发生小裂纹,严重时发生不规则大裂纹,裂纹处易被其他病菌侵染,造成果实腐烂。此病仅限于果实表皮。

【侵染循环】 病菌在被害枝条组织中或老翘皮内越冬,翌春细菌开始活动。春季溃疡是该病的主要初侵染源。桃树开花前后,病菌从病组织中溢出,借风雨或昆虫传播,经叶片气孔、枝条的芽痕和果实的皮孔侵入,潜育期 7~14 d。夏季气温高、湿度小,溃疡斑易干燥,外围的健全组织很容易愈合,所以溃疡斑中的病菌在干燥条件下 10~13 d 即死亡。气温 19~28 ℃,空气相对湿度 70%~90% 有利于发病。

【发病规律】 该病的发生与气候、树势、管理水平及品种有关。温度适宜,雨水频繁或多雾高湿,有利于病菌的繁殖和侵染。大暴雨时细菌被冲刷到地面,不利于传播,但雨后高湿有利于侵染。一般春秋雨季病情扩展快,夏季干旱扩展慢甚至减轻病害。病菌的潜育期与温度有关,25~26 ℃潜育期 4~5 d,20 ℃潜育期 9 d,19 ℃潜育期 16 d。树势强、桃园地势高、通风透光好,发病轻且晚;树势弱、桃园地势低洼、排水不良、通风透光差、偏施氮肥,发病早且重。一般早熟品种发病轻,晚熟品种发病重。上海地区该病一般于 5 月出现,梅雨期扩展迅速。

【病菌生态】 病原细菌在牛肉浸膏培养基上菌落鲜黄色,圆形,光滑。病菌发育适温 24~28 ℃,最高 38 ℃,最低 7 ℃,致死温度 51 ℃。病菌在干燥条件下可存活 10~13 d,在枝条溃疡组织内,可存活 1 年以上。

【灾变要素】 经汇总上海浦东地区 2009—2019 年对桃细菌性穿孔病系统调查,与综合影响发生轻重的环境要素用实用统计分析及其 DPS 数据处理系统(9.5 版本)的多元互作项逐步回归法,进行数理统计学的相关性检测,影响桃细菌性穿孔病发生轻重的预警关键数据列表见表 8-1。

表 8-1　2009—2017 年浦东新区桃细菌性穿孔病调查汇总与预警分析对比表

年度	4~5旬均病情基数	4~5旬均温度/℃	4~5累计雨量/mm	4~5累计日照时数/h	4~5累计雨日/d	6月~7月上旬累计雨量/mm	7月中旬~9月上旬均病情指数	灾变预警	
								预警方程拟合值	符合率/%
	x_1	x_2	x_3	x_4	x_5	x_6	y		
2009	16.34	18.1	153.6	472.5	16	165.8	23.45	23.38	99.68
2010	15.93	15.9	115.4	309.1	31	277.9	32.56	32.45	99.67
2011	8.95	17.6	67	430.5	13	129.8	18.7	18.72	99.87
2012	17.58	18.2	202.9	351.5	24	315.3	37.42	37.28	99.62
2013	16.70	17.5	144.5	394.3	24	254.1	34.8	34.92	99.67
2014	17.80	17.8	199.3	322.6	28	289.6	33.5	33.66	99.51
2015	15.34	17.5	224.5	340.2	24	308.9	31.56	31.60	99.89
2016	20.20	17.9	309.8	254.6	32	335.1	42.85	42.83	99.95
2017	22.76	18.7	185.1	412	18	448.6	45.32	45.33	99.98
平均	16.85	17.69	178.01	365.26	23.33	280.57	33.35	33.35	99.76

注：① 预警方程灾变的复相关系数为 $R^2 = 0.9997$；分单项　偏相关 t 检验值为 $R(y, x_4) = 0.9954$；$R(y, x_5) = -0.9918$；$R(y, x_1 \cdot x_3) = 0.9923$；$R(y, x_1 \cdot x_5) = 0.9952$；$R(y, x_1 \cdot x_6) = -0.9977$；$R(y, x_3 \cdot x_4) = -0.9975$；$R(y, x_6) = 0.9983$。

② 优化的预警方程为：$y = -64.6256855 + 0.17474269997x_4 - 3.559773798x_5 + 0.4903948412x_6 + 0.007224861614x_1 \cdot x_3 + 0.22060723004x_1 \cdot x_5 - 0.018909167396x_1 \cdot x_6 - 0.0005993228922x_3 \cdot x_4$；

③ 读者对预警方程的验算检验,请根据列表的保留小数进行复算,丢弃小数会影响预测的正确性。计算的最终值保留两位小数；

④ 气象资料取自浦东新区气象站观察值。

重发生(注:中等偏重发生程度 4 级以上)的主要灾变要素归纳为 4~5 月旬均病基数高于 16.5~17.2；4~5 月旬均气温高于 17.5~18.0 ℃；4~5 月累计雨量 180~220 mm；4~5 月累计日照时数少于 350 h；4~5 月累计雨日前期于 23~25 d；6 月累计雨量

多于 160～185 mm;其灾变的复相关系数为 $R^2 = 0.999\,7$。参考以上要素的预警效果平均符合率高达 99.76%。

【防治措施】

(1) 农业防治:加强桃园管理,增强树势。春季注意开沟排水,达到雨停沟干,降低空气湿度。增施有机肥和磷钾肥,避免偏施氮肥。适当增加内膛疏枝量,改善通风透光条件。

(2) 冬季清园:桃树休眠期,结合冬剪,剪除枯枝、病梢,及时清除落叶、落果,集中处理,消灭越冬菌源。

(3) 化学防治:萌芽前,喷 5 波美度石硫合剂,或 45%石硫合剂晶体 30 倍液,或 3%中生菌素可湿性粉剂 600 倍液。发芽后发病前,可选用 0.3%梧宁霉素(四霉素)水剂 800 倍液,或 80%代森锰锌可湿性粉剂 600 倍液,或 3%中生菌素 600 倍液,或硫酸性石灰液(硫酸锌 0.5 kg、消石灰 2 kg、水 120 kg)等,每 15 d 喷 1 次,连续喷 2～3 次。此外,发芽后还可选用机油乳剂∶代森锰锌∶水为 10∶1∶500 的混合液,同时防治桃细菌性穿孔病、蚜虫、介壳虫和叶螨等。

桃侵染性流胶病

【图版 4、5】

桃侵染性流胶病(*Botrypsphaeria ribis* Tose Gross. Et Dugg.)病原菌为茶藨子葡萄座腔菌,属子囊菌亚门真菌。该病在我国桃产区均有发生,还为害杏、李、樱桃等果树。

【简明诊断特征】 桃树侵染性流胶病又称疣皮病、瘤皮病,主要为害枝干,也可侵染果实。

1 年生嫩枝染病:初产生以皮孔为中心的疣状小突起,渐扩大,形成瘤状突起物,直径 1～4 mm,其上散生针头状小黑点,即病菌分生孢子器。当年不发生流胶现象。翌年 5 月上旬,病斑再扩大,瘤皮开裂,溢出树脂,初为无色半透明稀薄有黏性的软胶,不久变为茶褐色,质地变硬呈结晶块,吸水后膨胀成为陈状的胶体。被害枝条表面粗糙变黑,并以瘤为中心逐渐下陷,形成圆形或不规则形病斑,直径 4～10 mm,其上散生小黑点。严重时枝条凋萎枯死。

多年生枝干受害:生"水泡状"隆起,直径 1～2 cm,并有树胶流出。病菌在枝干表皮内为害或深达木质部,受害处变褐、坏死,枝干上病斑多者则大量流胶,致叶片早落,树体早衰,甚至枝干枯死。

果实染病:为褐色腐烂状,逐渐密生粒点状物,湿度大时从粒点孔口溢出白色块状物,发生流胶现象,严重影响桃果品质和产量。

【侵染循环】 以菌丝体和分生孢子器在被害枝干内越冬,翌年 3 月下旬至 4 月中旬产生分生孢子,借风雨传播。雨天从病部溢出大量病菌,顺枝干流下或溅附到新梢上,从皮孔、伤口及侧芽侵入,进行初侵染。

【发病规律】 干内潜伏病菌的活动与温度有关。从 4 月开始,当气温 15 ℃左右,病部即可渗出胶液;随气温上升,树体流胶点增多,病情逐渐加重。1 年有 2 个发病高峰,分别在 5 月下旬至 6 月上旬和 8 月上旬至 9 月上旬,6～7 月扩展缓慢。第 2 次发病速度和强度明显大于第 1 次,常造成早期落叶。长期干旱后,偶降暴雨,发病重。

土质瘠薄、肥水不足、发生有蜡类等害虫、负载量大、雨水多、自然生长裂口多等有利于发病。

【病菌生态】 菌丝在 15～35 ℃均能生长,适宜温度 25～35 ℃,4 ℃以下和 40 ℃以上不能正常生长。菌丝在 pH 3～10 都可以生长,最适 pH 5～6。分生孢子萌发最适温度 25～30 ℃,10 ℃以下不能萌发。

在 PDA 培养基上,菌落近圆形,绒毛状。25 ℃培养,菌落初为白色,生长速度极快,3～5 d 可长满直径为 9 cm 的培养皿,并且菌落逐渐转为黑色,培养基亦变为黑色,菌落上有灰白色或浅褐色绒毛状菌丝。老化菌丝为黑色。病菌在培养基上一般不容易产生分生孢子,在 25 ℃恒温,经 20 W 日光灯照射下产生少量孢子,而在 20 W 黑光灯下连续照射,7 d 后菌丝转变为灰绿色,10 d 后孢子器孔口喷出乳白色孢子堆;病菌经 25 ℃培养 1 个月以上,能形成黑色子座,再经 1 个月,子座内可见分生孢子器和分生孢子。

【灾变要素】 经汇总上海浦东地区 2009—2019 年对桃流胶病系统调查,与综合影响发生轻重的环境要素用实用统计分析及其 DPS 数据处理系统(9.5 版本)的多元互作项逐步回归法,进行数理统计学的相关性检测,影响桃流胶病发生轻重的预警关键数据列表见表 8-2。

表 8-2 2009—2017 年浦东新区桃流胶病调查汇总与预警分析对比表

年度	2 月休眠期病情指数	3~7 月上旬旬均温度/℃	3~7 月上旬累计雨量/mm	3~7 月上旬累计日照时数/h	3~7 月上旬累计雨日/d	年度(11月止)累计病情指数	灾变预警	
							预警方程拟合值	符合率/%
	x_1	x_2	x_3	x_4	x_5	y		
2009	5.8	18.5	401.0	862.5	45	124.15	122.139 2	98.35
2010	6.3	16.8	609.0	637.4	66	150.67	149.385 4	99.14
2011	3.1	17.7	228.7	799.2	47	138.06	137.957 3	99.93
2012	4.4	18.3	655.4	694.0	59	144.17	143.381 4	99.45
2013	5.4	18.3	508.5	779.5	55	117.91	120.827 1	97.59
2014	6.2	18.0	542.1	663.7	55	179.92	181.971 3	98.87
2015	6.1	17.6	636.0	587.3	67	202.28	201.027 5	99.38
2016	5.5	18.4	692.2	556.4	66	185.25	185.608	99.81
2017	6.6	18.5	730.4	740.7	53	215.54	215.652 9	99.95
平均	5.5	18.0	555.9	702.3	57.0	162.0	162.0	99.2

注:① 预警方程灾变的复相关系数为 $R^2 = 0.998\ 9$;分单项偏相关 t 检验值为 $R(y, x_1) = 0.984$;$R(y, x_3) = 0.973\ 7$;$R(y, x_4) = 0.985\ 1$;$R(y, x_1 \cdot x_3) = -0.935\ 4$;$R(y, x_1 \cdot x_4) = -0.985\ 4$;$R(y, x_2 \cdot x_5) = 0.964\ 3$;$R(y, x_4 \cdot x_5) = -0.991\ 4$;

② 优化的预警方为:$y = -4\ 296.302\ 68 + 714.273\ 887\ 7x_1 + 0.900\ 069\ 037\ 5x_3 + 5.958\ 978\ 850x_4 - 0.077\ 926\ 473\ 14x_1 \cdot x_3 - 0.922\ 025\ 099\ 5x_1 \cdot x_4 + 0.330\ 549\ 087\ 6x_2 \cdot x_5 - 0.018\ 200\ 419\ 121x_4 \cdot x_5$;

③ 读者对预警方程的验算检验,请根据列表的保留小数进行复算,丢弃小数会影响预测的正确性。计算的最终值保留两位小数;

④ 气象资料取自浦东新区气象站观察值。

重发生(注:中等偏重发生程度 4 级以上)的主要灾变要素归纳为 2 月休眠病基数高于 6;3~7 月上旬平均气温高于 18~

18.5 ℃;3～7 月上旬累计雨量 600 mm 以上;3～7 月上旬累计日照时数少于 650 h;3～7 月上旬累计雨日前期于 57～65 d;其灾变的复相关系数为 $R^2 = 0.9997$。参考以上要素的预警效果平均符合率高达 99.2%。

【防治措施】

(1) 农业防治:注意开沟排水;增施有机肥及磷、钾肥;合理负载,增强树势,提高抗病力。

(2) 人工防治:结合冬剪,彻底清除被害的当年新梢。

(3) 避雨防治:采用避雨栽培可有效预防流胶病。

(4) 病斑涂刮:桃树萌芽前,用 50 亿 CFU/g 多黏类芽孢杆菌可湿性粉剂 1 000～1 500 倍液涂抹病斑;或用 80% 乙蒜素乳油 100 倍液涂刷病斑,杀灭越冬病菌,减少初侵染源;也可刮除病斑后,用 21% 过氧乙酸水剂 3～5 倍液,或 50% 氯溴异氰尿酸可溶粉剂 50 倍液等,涂抹。

(5) 化学防治:开春树液开始流动时,用 50 亿 CFU/g 多黏类芽孢杆菌可湿性粉剂 1 000～1 500 倍液灌根;或浇灌 50% 多菌灵可湿性粉剂 300 倍液,1～3 年生桃树每株用药 100 g,4～6 年生每株用药 150 g,成年树每株 200 g,开花坐果后再灌 1 次。桃树生长期,喷洒 30% 戊唑·多菌灵可湿性粉剂 1 000～1 100 倍液,或 50% 多菌灵可湿性粉剂 800 倍液,或 50% 异菌脲可湿性粉剂 1 500 倍液,或 50% 腐霉利可湿性粉剂 2 000 倍液,每隔 15 d 用药 1 次,连续用药 3～4 次。

桃炭疽病

【图版 5】

桃炭疽病(*Colletotrichum gloeosporioides* Penz.,异名 *Gloeosporium laeticolor* Berk.)病原菌为胶孢炭疽菌,属半知菌亚门真菌;有性态为桃炭疽菌(*Glomerella persicae* Hara.),属子囊菌

亚门真菌。该病是桃树果实上的主要病害,在我国桃产区分布广泛。其主要为害果实,流行年份造成果实腐烂和落果,对桃树生产威胁很大,特别是幼果期多雨潮湿的年份,损失更大。

【简明诊断特征】 桃炭疽病主要为害果实、叶片和新梢。

新梢发病:出现暗褐色略凹陷长椭圆形的病斑。气候潮湿时,病斑表面可长出橘红色小粒点。病梢多向一侧弯曲,叶片萎蔫下垂纵卷呈筒状。严重的病枝常枯死。在芽萌动至开花期,枝上病斑发展很快,当病斑环绕一圈后,其上段枝梢即枯死。因此,炭疽病严重的桃园在开花前后还会出现大批果枝陆续枯死的现象。

叶片发病:以桃果采收后至秋季发病最重。发病初期,可在叶片边缘、叶尖、主脉两侧产生红褐色小斑点,外围有黄绿色;病斑继续扩大呈圆形、椭圆形或不规则形,病斑边缘红褐色,中央灰褐色并产生黑色小粒点;后期病斑灰褐色或紫褐色或黑褐色,中央破碎,形成穿孔。

果实发病:硬核前幼果染病,初期果面呈淡褐色水渍状斑,随着果实膨大病斑也扩大,呈圆形或椭圆形,红褐色并显著凹陷。幼果上的病斑可随着果面增大到达果柄,并发展到果枝上,使新梢上的叶片纵向往上卷,这是本病特征之一。气候潮湿时,在病斑上长出橘红色小粒点,即病菌分生孢子盘。被害果除少数干缩残留枝梢外,绝大多数都在 5 月间脱落,这是桃树被害前后引起脱落最严重的一次,严重时落果占全株总果数的 80% 以上,个别果园甚至绝收。近成熟果染病,果面症状与幼果相同,果面病斑显著凹陷,呈明显的同心环状皱缩,并常愈合成不规则大斑,最后果实软腐,容易脱落。

【侵染循环】 病菌以菌丝体在病枝、病果内越冬。翌春条件适宜,旬均温度 5℃ 以上可始见病害,旬均温 10~12℃ 进入发病始盛期,此时满足相对湿度 80% 以上就可产生分生孢子,借风雨或昆虫传播,侵染新梢、幼果和叶片,引起初侵染和不断进行再侵染。

【发病规律】 桃树整个生长期均可发病,发生程度与气候条件和品种有关,其中高湿是该病发生流行的先决条件。桃树开花至幼果期低温多雨,利于发病,果实成熟期高温高湿发病重。具体与 4~6 月的降雨量关系密切,果实染病主要发生在第 1 次迅速生长期,其次为采收前的膨大期。果实采收后,管理粗放,多降雨,叶片发病较重。栽植过密,排水不良,土壤瘠薄,尤其是缺磷的桃树,发病重。早熟、中熟品种发病重,晚熟品种发病轻。

上海地区一年有 3 次发病过程:3 月中旬至 4 月上旬,主要发生在结果枝上,造成结果枝大批枯死;5 月中上旬,主要发生在幼果上,造成幼果大量腐烂脱落;6~7 月果实成熟期,一般发生较轻,但如遇高温多雨,发病也重。梅雨期内雨量超过 300 mm,极容易暴发桃炭疽病。

【病菌生态】 病菌发育最适温度 24~26 ℃,最低 4 ℃,最高 33 ℃。分生孢子萌发最适温度 26 ℃,最低 9 ℃,最高 34 ℃。从上海浦东新区桃树上分离获得胶孢炭疽菌菌株 2 个,在 PDA 培养基上,2 个菌株菌丝初为白色,分生孢子盘埋生于培养基内,呈轮纹状排列。1 号菌株后期菌落黑褐色,中央白色,在白色与黑褐色交界附近产生橘红色分生孢子团;2 号菌株后期菌落外围白色,中央灰褐色或灰白色,有时灰色部分呈星射状,在接种部位形成橘红色分生孢子团,菌落其余地方不产生分生孢子。

【灾变要素】 经汇总上海浦东地区 2009—2019 年对桃炭疽病系统调查,与综合影响发生轻重的环境要素用实用统计分析及其 DPS 数据处理系统(9.5 版本)的多元互作项逐步回归法,进行数理统计学的相关性检测,影响桃细菌性穿孔病发生轻重的预警关键数据列表见表 8-3。

表 8-3 2009—2017 年浦东新区桃炭疽病调查汇总与预警分析对比表

年度	4~5 月旬均病情指数	4~5 月旬均温/℃	4~5 月累计雨量/mm	4~5 月累计日照时数/h	4~5 月累计雨日/d	年度(7月)病情指数	灾变预警	
							预警方程拟合值	符合率/%
	x_1	x_2	x_3	x_4	x_5	y		
2009	16.34	18.1	153.6	472.5	16	24.45	24.58	99.48
2010	15.93	15.9	115.4	309.1	31	37.65	37.72	99.82

年度	4～5月旬均病情指数	4～5月旬均温/℃	4～5月累计雨量/mm	4～5月累计日照时数/h	4～5月累计雨日/d	年度(7月)病情指数	灾变预警	
							预警方程拟合值	符合率/%
	x_1	x_2	x_3	x_4	x_5	y		
2011	8.95	17.6	67	430.5	13	24.9	24.89	99.95
2012	17.58	18.2	202.9	351.5	24	35.95	35.97	99.95
2013	16.70	17.5	144.5	394.3	24	31.8	31.61	99.41
2014	17.80	17.8	199.3	322.6	28	31.5	31.57	99.77
2015	15.34	17.5	224.5	340.2	24	29.56	29.49	99.76
2016	20.20	17.9	309.8	254.6	32	32.15	32.16	99.98
2017	22.76	18.7	185.1	412	18	25.85	25.82	99.89
平均	16.85	17.69	178.01	365.26	23.33	30.42	30.42	99.78

注：① 预警方程灾变的复相关系数为 $R^2 = 0.9998$；分单项偏相关 t 检验值为 $R(y, x_4) = 0.9929$；$R(y, x_1 \cdot x_2) = -0.9987$；$R(y, x_1 \cdot x_3) = 0.9987$；$R(y, x_1 \cdot x_4) = -0.9941$；$R(y, x_2 \cdot x_4) = -0.8825$；$R(y, x_2 \cdot x_5) = 0.9989$；$R(y, x_3 \cdot x_5) = -0.9988$。

② 优化的预警方程为：$y = -126.0929462 + 0.3936111879x_4 - 0.8023666973x_1 \cdot x_2 + 0.09316061871x_1 \cdot x_3 - 0.008146271795x_1 \cdot x_4 - 0.002774931357 9x_2 \cdot x_4 + 0.6741039302x_2 \cdot x_5 - 0.05713609031x_3 \cdot x_5$；

③ 读者对预警方程的验算检验，请根据例表的保留小数进行复算，丢弃小数会影响预测的正确性。计算的最终值保留两位小数；

④ 气象资料取自浦东新区气象站观察值。

重发生(注：中等偏重发生程度 4 级以上)的主要灾变要素归纳为 4～5 月旬均病指基数高于 18～20；4～5 月旬均温高于 17.7～18.3 ℃；4～5 月累计雨量 190～220 mm；4～5 月累计日照时数少于 350 h；4～5 月累计雨日多于 25～27 d；其灾变的复相关系数为 $R^2 = 0.9998$。参考以上要素的预警效果平均符合率高达 99.78%。

【防治措施】

(1) 清洁桃园：理清沟系，及时清除树上枯枝、僵果和地面枯枝落叶、落果，集中处理。注意桃园排水，防止雨后积水，降低园内湿度。

（2）合理栽植密度：避免栽植密度偏高，造成行间、株间、各枝组间互相交错衔接，影响通风透光和增加湿度。

（3）科学定干：定干高度在 60～80 cm，避免过低严重影响桃园通风透光和湿度的排放，造成病害发生严重。

（4）科学施肥：增施磷、钾肥，提高抗病力。

（5）提早套袋：适当提早套袋，在 5 月上旬前完成套袋，减少后期果实染病。

（6）化学防治：初次防病要早，在桃芽萌动前喷 1 次 1∶1∶100 倍式波尔多液，或 3～4 波美度石硫合剂，或 30%戊唑醇·多菌灵悬浮剂 600～700 倍液。落花后，选用 50%多菌灵可湿性粉剂 800 倍液，或 50%异菌脲可湿性粉剂 800 倍液，或 25%溴菌腈可湿性粉剂 500 倍液，或 500 g/L 氟啶胺悬浮剂 2 200 倍液，或 25%福·福锌可湿性粉剂 800 倍液，或 50%甲基硫菌灵可湿性粉剂 800～1 000 倍液等，间隔 7～10 d，连续喷药 3～4 次。

桃褐腐病

【图版 6】

桃褐腐病又名菌核病，病原菌为链核盘菌［*Monililinia fructicola*（Wint.）Rehm.］和核果链核盘菌［*Monilinia laxa*（Aderh. et Ruhl.）Honey］，均属子囊菌亚门真菌。该病是桃树的主要病害之一，全国各桃产区均有发生，以沿海地区和江淮流域发生最重。除为害桃以外，还为害李、杏、樱桃等核果类果树。

【简明诊断特征】 桃褐腐病又称菌核病，是桃树主要病害之一。病害发生情况与空气湿度和虫害关系密切。果实生长中后期，果园虫害严重，且多雨潮湿，褐腐病常流行，引起大量烂果、落果。受害果实不仅在果园中相互传染为害，而且在贮运过程中继续传染，造成很大损失。

花器受害：先侵染花瓣和柱头，初呈褐色水渍状斑点，后期花萎凋,花朵呈喇叭状,无力张开,花瓣顶部变褐,花柱肿大畸形。潮湿天气病花迅速腐烂,表面丛生灰霉;天气干燥时则萎垂干枯,残留枝上,严重的花芽松散干枯。

嫩叶染病:多从叶缘开始,产生圆形褐色水烫状斑点,很快扩大,边缘绿褐色,中部黄褐色,可见有深浅相间的轮纹,后渐扩展到叶柄,全叶枯萎,病叶残留在枝上经久不落。

新梢发病:病斑长圆形,褐色,后期中央凹陷,边缘紫褐色,常发生流胶,当病斑扩大至围绕枝梢一周后,病梢上部枯死。

果实发病:自幼果期至成熟期均可受害,但以果实越接近成熟受害越重。初在果面产生褐色圆形病斑,如环境适宜,病斑在数日内便可扩展至全果,果肉也随之变褐软腐。后在病斑表面生出灰褐色绒状霉层,即病菌的分生孢子层。孢子层有时呈同心轮纹状排列(而炭疽病在潮湿条件下,病斑部产生橘红色小粒点,即病菌分生孢子盘),病果腐烂后易脱落,也有不少失水后成僵果,悬挂在枝上经久不落。僵果为一个大的假菌核,是褐腐病菌越冬的主要途径。

【侵染循环】 病菌主要以菌丝体或菌核在僵果或枝梢的溃疡部越冬。晚冬早春,温度达 5 ℃以上,遇冷湿条件产生分生孢子座和分生孢子。悬挂在树上或落于地面的僵果,翌年春季能产生大量分生孢子,借风、雨和昆虫传播,引起初侵染。分生孢子萌发产生芽管,经虫伤、机械伤口、皮孔侵入果实,也可直接从柱头、蜜腺侵入花器造成花腐,再蔓延到新梢。在适宜环境条件下,病果表面长出大量分生孢子,引起再侵染。链核盘菌在坐果后侵染幼果,有潜伏侵染现象,到果实成熟期恢复活动,引起果腐。分生孢子萌发要求寄主表面有自由水,在适宜温度下,水膜连续保持 3~5 h,即可侵染。

【发病规律】 前期低温潮湿容易引起花腐,后期温暖多雨、多雾易引起果腐。病害田间流行的适宜温度为 21~27 ℃;盛夏长期持续的高温天气,有利于抑制病害的发生和发展。梨小食心虫、桃蛀螟、椿象、叶蝉等虫媒造成桃果伤口,传播病原,也是病原的重要传播者。

桃花芽破口期、幼果至硬核期、采果前后期、采后至销售贮运期和连续台风出现的秋雨连绵高湿期是重要的发病时期。一般成熟后质地柔软,汁多、味甜、皮薄的品种易感病。

【病菌生态】 链核盘菌发育最适温度25℃左右。在10℃以下或30℃以上,菌丝发育不良。分生孢子在15～27℃下形成良好;在10～30℃都能萌发,以20～25℃最适宜萌发。核果链核盘菌主要为害桃花,引起花腐。

【防治措施】

（1）清洁果园:冬季修剪时,清除树上残留和田间散落的僵果、病果柄、病枝。桃树生长期,清除树上的败育果、地面疏落果、伤果、病果,并集中处理。这项工作可有效减轻病害发生。

（2）栽培防治:桃树营养生长旺盛期,合理修剪、科学施肥,促进园内和树冠通风透光,提高抗病力。

（3）化学防治:萌芽前喷洒5波美度石硫合剂,或45％晶体石硫合剂30倍液。花前、花后各喷1次50％腐霉利可湿性粉剂2 000倍液,或50％多菌灵可湿性粉剂1 000倍液。桃生长后期即果实采收前30～40 d喷洒50％异菌脲可湿性粉剂1 000～2 000倍液。

桃果腐病

【图版6】

桃果腐病又称桃实腐病或腐败病,病原菌主要为桃拟茎点霉（*Phomopsis amygdalina*）和其他拟茎点霉属（*Phomopsis* sp.）真菌,均属半知菌亚门真菌。是桃树常见病害。在水蜜桃和黄桃上常有发生,部分桃园尤其是老桃园产量损失可达90％以上,甚至绝收。

【简明诊断特征】 桃果腐病主要为害果实。

果实发病,多以果袋紧贴桃果面处开始发病,初为褐色水渍状,后扩展迅速,病斑褐色。发病部位的果肉为黑色,且变软、有发酵味。感染初期病果看不到菌丝,中后期果面布满灰白色菌丝,最后病果失水干缩形成僵果,其上密生黑色小粒点。

【侵染循环】 病菌以分生孢子器在僵果、落果、病枝上越冬,翌春产生分生孢子,借风雨传播,侵染果实。果实近成熟时,病情加重。

【发病规律】 桃园密闭不透风、树势弱发病重。老桃园发病重。近成熟期多雨,发病重。

【病菌生态】 桃拟茎点霉在 PDA 上 25 ℃培养,菌落初为灰白色,后呈波浪状轮纹;培养 14 d 后,菌落表面形成黑褐色子座,呈同心轮纹排列,子座内生分生孢子器;连续培养 3 个月后,分生孢子器分泌乳黄色孢子团。该菌还可侵染李、杏、茄子和番茄等植物。

在上海浦东新区调查时还发现,除桃拟茎点霉,还有其他拟茎点霉属真菌侵染导致果腐病,可能存在相互协同侵染作用。

【防治措施】

(1)农业防治:合理修剪,使桃园通风透光;增施有机肥,合理负载;清除园内病僵果和落地果,集中处理。

(2)化学防治:发病初期喷洒 50%腐霉利可湿性粉剂 1 200～1 500 倍液,或 50%多菌灵可湿性粉剂 800 倍液,或 70%甲基硫菌灵可湿性粉剂 1 000 倍液等,每 10～15 d 用药 1 次,防治 3～4 次。

桃白粉病

【图版 6、7】

桃白粉病病原菌为三指叉丝单囊壳(*Podosphaera tridactyla*)和桃单丝壳菌(*Sphaerotheca pannosa*),均属子囊菌亚门真菌,以三指叉丝单囊壳比较普遍。该病在我国桃产区均有发生。入夏以后,白粉病引起早期落叶,对树势影响不大;果实发病,造成褐色斑点或斑块。严重时,果实变形,全树叶片卷曲。除为害桃以外,还为害杏、李、樱桃、梅等。

【简明诊断特征】 桃白粉病主要为害果实和叶片。

果实发病:症状出现在 5 月,果面上生有直径 1～2 cm 白色粉状菌丛,扩大后可占果面 1/3～1/2,果表变褐凹陷或硬化。

叶片染病:叶背现白色圆形菌丛,表面具黄褐色轮廓不清的斑纹,严重时菌丛覆满整个叶片。幼叶染病,叶面不平,秋末菌丛中出现黑色小粒点,即病菌闭囊壳。

【侵染循环】 三指叉丝单囊壳于 10 月后产生子囊壳越冬,翌年条件适宜时弹射出子囊孢子进行初侵染。桃单丝壳菌以菌丝在最里边的芽鳞片表面越冬,翌年产生分生孢子进行初侵染和多次再侵染。

【发病规律】 一般 5～6 月,田间出现果实和叶片发病。该病比较耐干旱,一般在温暖、干旱的气候条件下发生严重。

【病菌生态】 分生孢子萌发温度为 4～35 ℃,适温 21～27 ℃,高于 35 ℃或低于 4 ℃不能萌发。在直射阳光下经 3～4 h 或在散射光下 24 h 尚失萌发力,但抗霜冻能力较强,遇晚霜仍可萌发。

【防治措施】

(1)农业防治:落叶后及时清除落叶,并集中处理,减少菌源。

(2)化学防治:春季萌芽前喷 1 次 5 波美度石硫合剂;花芽膨大期喷 0.3 波美度石硫合剂;谢花 5～7 d 后,喷 30%氟菌唑可湿性粉剂 2 000 倍液,或 12.5%腈菌唑乳油 3 000 倍液,或 12.5%烯唑醇可湿性粉剂 2 000～3 000 倍液,或 25%戊唑醇可湿性粉剂 2 000～3 000 倍液,连续用药 2～3 次。部分桃品种对三唑酮敏感,应慎用。

桃缩叶病

【图版 7】

桃缩叶病[*Taphrina deformans*(Berk.)Tul.]病原菌为畸形外囊菌,属子囊菌亚门真菌。在我国南北方均有发生,以春季潮湿的沿海和滨湖地区发生较重。桃树早春发病后,引起初夏早期落叶,不仅影响当年产量,而且还严重影响花芽形成和质量。如连年严重落叶,削弱树势,造成桃树早衰。除为害桃以外,桃缩叶病还为害杏、李、樱桃等。

【简明诊断特征】 桃缩叶病主要为害桃树幼嫩部分,以侵害叶片为主,严重时可为害花、嫩梢和幼果。

叶片染病:春季嫩叶从芽鳞抽出时即被害,最初叶缘向后卷曲,颜色变红,并呈现波纹症状;后随叶片生长,卷曲、皱缩程度加剧,病部增大,叶片变厚、变脆,呈红褐色。严重时全株叶片变形,嫩梢枯死。春末夏初,病叶表面产生灰白色粉状物,即病菌子囊层,后病叶变褐,干枯脱落。

新梢染病:呈灰绿色或黄色,节间缩短,略微粗肿,病枝上常簇生卷缩的病叶,严重时病枝逐渐向下枯死,幼苗有的甚至全株枯死。

花器染病:花瓣肥大变长,最后多半脱落。

幼果染病:初生黄色或红色病斑,微隆起;随果实增大,渐变褐色;后期病果畸形,果面龟裂,成麻脸状,有疮疤,易早期脱落。较大的果实受害,果实变红色,病部肿大,茸毛脱落,表面光滑。

【侵染循环】 病菌以子囊孢子和厚壁芽孢子在芽鳞片上、芽鳞缝隙或枝干病皮中越冬或越夏。翌春越冬孢子萌发,产生牙管直接穿透叶片皮层或从气孔侵入,进行初侵染。叶片展开以前多从叶背侵入,展开后可从叶面侵入。该病4~5月发病,6月天气转暖后,逐渐停止。初夏,叶面形成子囊层,产生子囊孢子和芽孢子。由于夏季高温,不适合孢子萌发,因此1年只侵染1次。

【发病规律】 该病的发生、流行与气候条件有关。低温多湿有利于发病,尤其是早春桃树萌芽展叶期,如连续降雨,气温10~16℃,发病较重;气温21℃以上或较干燥,发病轻。江河沿岸、湖畔及低洼潮湿的桃园发病重。中、晚熟品种较早熟品种发病轻。

【病菌生态】 病菌生长适温20℃,最低11℃,最高26~30℃,侵染最适温度10~16℃。病菌在培养基上形成酵母状菌落。芽孢子最长可存活11年。

【防治措施】

(1)农业防治:发病严重的桃园应及时追肥、灌水,增强树势,提高抗病力,以免影响当年和翌年结果。

(2)人工防治:4~5月初见病叶而尚未出现粉状物前立即摘

除,带出果园,集中处理。

（3）化学防治：桃芽膨大到露红期,选用 1～1.5 波美度石硫合剂,或 1∶1∶100 波尔多液,或 80％代森锰锌可湿性粉剂 500 倍液,或 75％二氰蒽醌可湿性粉剂 500～1 000 倍液,或 50％多菌灵可湿性粉剂 600 倍液等,喷雾防治。发病显症初期,选用 80％代森锰锌可湿性粉剂 600 倍液,或 75％二氰蒽醌可湿性粉剂 500～1 000 倍液,或 50％多菌灵可湿性粉剂 800 倍液,或 30％戊唑·多菌灵悬浮剂 1 000 倍液等,每 10～15 d 喷 1 次,连续防治 2～3 次。

桃褐锈病

【图版 7】

桃褐锈病［*Tranzschelia pruni-spinosae*（Pers.）Diet.，又称桃锈病］病原菌为刺李瘤双胞锈菌,属担子菌亚门真菌。该病在我国发生范围广,在初秋常引起早期落叶。

【简明诊断特征】 桃褐锈病为害叶片,尤其是老叶和成长叶。叶背染病,产生稍隆起的褐色圆形小疱疹状斑,即病菌夏孢子堆;在疱疹斑点相应的叶片正面出现红黄色圆形或近圆形病斑,边缘不清晰。夏孢子堆突出于叶表,破裂后散出黄褐色粉状物,即夏孢子。后期,在夏孢子堆的中间形成黑褐色疱疹斑点,即冬孢子堆。严重时,叶片枯黄脱落。

【侵染循环】 病菌以菌丝体在枝梢病部或芽的鳞片中越冬,翌年 4～5 月,降雨后开始形成分生孢子,借风雨或雾滴传播,进行初侵染。刺李瘤双胞锈菌为完全型转主寄生锈菌。主要以冬孢子在落叶上越冬,也可以菌丝体在白头翁和唐松草的宿根或天葵的病叶上越冬,南方温暖地区则以夏孢子越冬。

【发病规律】 6～7 月开始侵染,一般早中熟品种还未显症,即已采收。8～9 月进入发病盛期,可导致大量落叶。晚熟品种发病稍重。

【病菌生态】 病菌孢子萌发适温为 $20\sim27\ ℃$。病菌潜育期，在枝梢、叶片上为 $25\sim45\,d$，在果实上为 $40\sim70\,d$。再侵染危害对桃树无意义。

【防治措施】

（1）农业防治：结合冬季清园，清除落叶，铲除转主寄主，并集中处理，清除初侵染源。

（2）化学防治：生长季节结合桃褐腐病和黑星病喷药保护。发病初期，选用 75%二氰蒽醌可湿性粉剂 $500\sim1\,000$ 倍液，或 25%戊唑醇水乳剂或乳油或可湿性粉剂 2500 倍液，或 60%戊唑醇·丙森锌可湿性粉剂 1500 倍液等，喷雾防治。

桃枝枯病

【图版 7、8】

桃枝枯病［*Phomopsis amygdalina*（Del.）Tuset & Portilla）］病原菌为桃拟茎点霉，属半知菌亚门真菌。该病先后在云南、浙江、江苏和上海等地发生。为害 $1\sim3$ 年生枝梢，造成产量损失 20%～50%；如为害果实，可造成更大损失。

【简明诊断特征】 桃枝枯病主要为害桃树 $1\sim2$ 年生新梢，也可为害叶片和果实。

新梢发病：先在新梢基部产生褐色至暗褐色油浸状病斑，稍凹陷，病斑迅速扩展，变褐部位很快围绕枝条一周，并向上扩展 $1\sim2\,cm$。病梢叶片下垂、黄化，病枝很快枯死，农事操作或风吹易折断。天气干燥时病斑表面有时产生灰黑色小点，湿度高时病斑形成黄白色的孢子块。

叶片发病：以秋季受害最重，初为红褐色或黄褐色斑点，后扩大为 $1\,cm$ 以上的大病斑，病斑灰白色或灰褐色，边缘红褐色，病斑中央产生圆锥状褐色小粒点（分生孢子器）。

果实发病：症状同"桃果腐病"。

【侵染循环】 病菌在室内、桃树、土表和土壤耕作层(土下20 cm)的病枝或病残体中均能越冬,其中以桃树病枝上越冬率最高。

翌年2月底至3月初,在越冬的田间病枝上产生分生孢子器及分生孢子,3月底在土壤耕作层中的病枝上也形成分生孢子器,并分泌出黄色的分生孢子黏液团,这些是桃枝枯病的初侵染源。分生孢子自3月中旬开始释放,3月底至4月中旬达到释放高峰,4月下旬后捕捉的孢子数量逐渐减少,5月底田间基本捕捉不到病菌的分生孢子。此外,也发现病菌分生孢子释放与雨水密切相关,如3月下旬降雨多,孢子释放数量显著增加,4月降雨天数和降水量都较高,孢子释放数量达到高峰期。分生孢子借风雨传播,主要从修剪伤口和落叶痕侵入叶芽。

【发病规律】 一般河流两侧的桃园、排水不良的桃园易发病。5～6月遇高温、高湿时发病严重;树势衰弱或老龄桃树,发病也较重。5月新梢发病后,产生分生孢子器和分生孢子进行再侵染,主要侵染叶片。

此外,分生孢子悬浮液伤口接种桃果,均可发病,但在无伤口接种情况下,果实不发病,说明病菌也可侵染桃果,但必须有伤口才能侵染。

【病菌生态】

病菌在1～38℃都能产生孢子,特别是在较冷的温度(<20℃)下产孢对病害流行具有重要作用,产孢最适温度为21.0～23.3℃,高湿(空气相对湿度>95%)时间越长越有利于产生分生孢子。

在PDA上25℃培养,桃拟茎点霉菌落初为灰白色,后呈波浪状轮纹;培养10 d后,菌落表面形成黑褐色子座,呈同心轮纹排列,子座内生分生孢子器;培养3周后,分生孢子器分泌乳白色孢子团;培养3个月后,分生孢子器分泌丝状乳黄色孢子团。

菌落生长及分生孢子萌发的最适温度为20～25℃,在pH 5～8的培养基上菌落扩展速度较快,生长及分生孢子萌发最适pH为6～7。最适碳源为蔗糖,最适氮源为硝酸钾和丙氨酸。

【防治措施】

（1）农业防治：增施有机肥，提高树体抗病能力；做好桃园沟系清理工作，做到雨停沟干。

（2）人工防治：桃树生长季节应合理修剪，使桃园通风透光，剪除的病（枯）枝集中处理。

（3）化学防治：一般果园不需要单独用药防治，个别发病严重的桃园要进行药剂防治。萌芽前选用 5 波美度石硫合剂或 45％晶体石硫合剂 300 倍液全园喷雾防治。落花后 15 d 左右开始，每隔 10～15 d 全园喷药 1 次，连喷 3～4 次；采收后、10 月各喷药 1 次；药剂可选用 50％腐霉利可湿性粉剂 1 200～1 500 倍液，或 50％多菌灵可湿性粉剂 800 倍液，或 80％代森锰锌可湿性粉剂 600 倍液，或 70％甲基硫菌灵可湿性粉剂 1 000 倍液等。

桃黑星病

【图版 8】

桃黑星病［*Fusicladium carpophilum*（Thum.）Oud.，异名 *Cladosporium carpophilum* Thum.，又称疮痂病］病原菌为嗜果枝孢菌，属半知菌亚门真菌。除为害桃树外，桃黑星病病原菌还侵染杏、李、梅、樱桃等多种核果类果树。

【简明诊断特征】 桃黑星病主要为害果实，其次为害叶片和新梢。

果实受害：多发生在果肩部，生暗褐色圆形斑点，大小 2～3 mm，后生出黑霉似黑痣状，严重时病斑融合，龟裂。果梗染病，病果常早期脱落。

叶片受害：初期在叶背出现不规则暗绿色斑，后叶面相对应的病斑亦为暗绿色，最后呈紫红色干枯穿孔，病斑较小，很少超过 6 mm。在中脉上则可形成长条状的暗褐色病斑，严重时可引起落叶。

新梢受害：初在枝梢表面产生边缘紫褐色，中央浅褐色的椭圆形病斑。大小 3～6 mm。后期病斑变为紫色或黑褐色,稍隆起,并于病斑处产生流胶现象。春天病斑变灰色,并于病斑表面密生黑色粒点。病斑只限于枝梢表层,不深入内部。病斑下面形成木栓质细胞。

【侵染循环】 病菌以菌丝体在枝梢的病部越冬,翌年 4～5 月气温高于 10 ℃时产生分生孢子,适温 20～28 ℃,适宜相对湿度 80% 以上,经雨水或有风的雾天进行传播。分生孢子萌发后形成的芽管直接穿透寄主表皮的角质层侵入,在叶片上则通常自其叶背侵染。侵入后的菌丝并不深入寄主组织和细胞内部,仅在寄主角质层与表皮细胞的间隙扩展、定植并形成束状或垫状菌丝体,然后从其上长出分生孢子梗并突破寄主角质层裸露在外。

【发病规律】 病害的潜育期很长,这是其主要特点之一。病菌侵染果实的潜育期为 20～70 d,枝梢和叶片上的潜育期为 25～45 d。因此,果实的发病从 6 月开始,由其产生的分生孢子很难再侵染,只有很晚熟的品种果实才可见到再侵染。新梢再侵染在病菌越冬和翌年提供初侵染菌源方面有重要作用。春、夏季多雨潮湿易发病,桃园低洼、栽植过密、通风不良发病重。晚熟品种常较早熟品种发病重。

【病菌生态】 分生孢子在干燥状态下能存活 3 个月,病菌发育最适温度为 24～25 ℃,最低 2 ℃,最高 32 ℃,分生孢子萌发的温度为 10～32 ℃,以 27 ℃为最适宜。

【防治措施】

(1) 农业防治:冬剪时剪除病梢,减少菌源。提倡避雨栽培,露地桃园尤其注意雨后排水。合理夏剪,使桃园通风透光。落花 20～30 d 后带药套袋,防止病菌侵染。

(2) 化学防治:开花前喷 5 波美度石硫合剂铲除枝梢上的越冬菌源。落花后 15 d,喷洒 500 g/L 氟啶胺悬浮剂 2 000～2 500 倍液,或 10% 苯醚甲环唑水分散粒剂 2 000 倍液,或 25% 嘧菌酯悬浮剂 1 000 倍液,或 40% 氟硅唑乳油 10 000 倍液,或 50% 多菌灵可湿性粉剂 800 倍液,或 70% 甲基硫菌灵可湿性粉剂 1 000 倍液,或 80% 代森锰锌可湿性粉剂 600 倍液,或 80% 福·福锌可湿性粉剂 800 倍液,间隔 15 d,连续喷药 3～4 次。幼果期尤其注意控制药剂浓度,并注意某些桃树品种对药剂的敏感性。

桃潜隐花叶病

【图版 8】

桃潜隐花叶病[Peach latent mosaic viroid(PLMVd.),又称桃花叶病、桃黄花叶病、桃杂色病等]病原菌为桃潜隐花叶类病毒,属鳄梨日斑类病毒。该病寄主只有桃。

【简明诊断特征】 叶片通常没有明显症状,在叶片上形成白色或黄色奶油状的花叶或印花状病斑,褪绿斑驳,或者是在小叶上形成边缘坏死的花叶症状。新梢木质部会出现大而深的条纹,但对树皮无损害,严重时大枝会出现溃疡。高温时花瓣出现紫色裂纹。果实不规则、扁状、色泽暗淡,常褪绿,缺香味,裂果;核也稍扁,有开裂,果缝木栓化,这是本病的外部特征。

本病的主要特征是植株生长缓慢、树势衰退、抗性降低。病害发生于桃树生长第 2 年,导致桃的开花、展叶和成熟晚 4～6 d。从第 5 年开始衰老早熟,许多芽坏死,植株呈光秃状,枝多而生长弱。病株果实减产,质量不如正常果。施肥不能使病株恢复正常,衰退不可逆转。由于树体衰弱,病株对病害和不良气候环境的抗性降低。少数叶片有花叶而不变形,只是呈现鲜黄色或乳白色杂色,或发生褪绿斑点和扩散形花叶。只有少数感病严重的植株全树黄叶、卷叶和大枝出现溃疡。高温易于显症。

【发病规律】 该病毒通过嫁接或芽接传播,在田间由污染的剪枝刀传播,传毒概率为 50%～70%,但不能通过种子和花粉传播。病原也可通过空气流通传播,传播范围 5～20 m,每年传播率 5%,在病株周围半径 20 m 范围内,潜隐花叶相当普遍。

试验表明,桃蚜可传播本病。一株树经过 3～4 年之后才能被感染,一种瘿螨(*Eriophyes insidiosus*)是桃花叶类病毒的介体。

【病菌生态】 该病毒对热稳定,在各种组织能很快繁殖。

【防治措施】

(1)检测方法:在温室用桃苗 GF305 作指示作物,可检测本病。接种的指示作物要重复 10 次。第 1 次接种经过 2 个月后再用重毒株系芽接。由于弱毒株系对强毒株系的作用,如果植株事前已被潜隐株系所感染,则重毒株系在指示植物上不表现任何症状,这表明潜隐株系的存在。

(2)植物检疫:严格执行植物检疫,防止病毒传播蔓延。所有桃苗必须经过生长期观察为健康的,疫区繁殖材料必须来自经过检测为健康的母本植株。

(3)物理防治:用热处理方法处理苗木,方法是树苗种植在37 ℃温室中 35~45 d 可脱去感病无性繁殖材料中的类病毒。

(4)农业防治:生产上发现零星病株及时挖除,防止蔓延。采用无毒砧木、接穗进行嫁接,发现病株要防止接穗外流,修剪工具要严格消毒。

(5)化学防治:发现蚜虫及时喷洒 22%螺虫·噻虫啉悬浮剂1 000 倍液,或 40%氯虫苯甲酰胺·噻虫嗪水分散粒剂 3 000 倍液,或 21%噻虫嗪悬浮剂 2 500 倍液,或 22.4%螺虫乙酯悬浮剂 4 000倍液,或 10%吡虫啉可湿性粉剂 2 000 倍液等药剂。

桃根霉软腐病

【图版 9】

桃根霉软腐病[*Rhizopus stolonifer*(Erenb. Ex Fr.)Vuill.]病原菌为匍枝根霉,属接合菌亚门真菌。桃根霉软腐病是果实成熟后的主要病害。该病传染力很强,一箱桃果如有 1 个发病,1~2 d 后邻近的果实也都发病,病组织极软。桃和其他果类、蔬菜、食用菌均可受害。

【简明诊断特征】 桃根霉软腐病主要为害成熟果,多发生于果实成熟期和采收后的贮运期。果实初生浅褐色水渍状圆形或不规则形病斑,扩展迅速,2～3 d 后,整个果实表面产生绢丝状、有光泽、白色至灰白色的长条形霉,整个果实软腐。后产生暗褐色至黑色菌丝、孢子囊及孢囊梗。

【侵染循环】 病菌广泛存在于空气、土壤、落叶、落果上。在高温高湿条件下,通过成熟果实伤口侵入果实。孢囊孢子借气流和病健果接触传播,传染性很强。

【发病规律】 高温高湿特别有利于发病。

【病菌生态】 正菌丝和负菌丝进行有性阶段繁殖。

【防治措施】

(1)农业防治:雨后及时排水,改善通风透光条件;成熟果实要及时采收;采收、贮藏、运输过程中,尽可能减少机械损伤,采用单果包装;在低温条件下运输或贮藏。

(2)化学防治:需要贮藏和远距离运输的果实,于采收后用50%异菌脲悬浮剂 2 500 倍液浸果 1 min,取出晾干后包装。

桃木腐病

【图版 9】

桃木腐病[*Fomes fulvus*(Scops.)Gill.,又称心腐病]病原菌为暗黄层孔菌,属担子菌亚门真菌。桃木腐病主要为害桃树的枝干和心材,为老树上普遍发生的一种病害。被害桃树树势衰弱,叶色发黄,早期落叶,严重时全树枯死。

【简明诊断特征】 桃木腐病主要为害桃树的枝干和心材,使木质腐朽,白色疏松,质软而脆,触之易碎,易被暴风折断。外部表现多从锯口、虫伤等伤口长出不同形状的 1 年生或多年生 1 个或数十个病原子实体。以枝干基部受害较重,使植株衰弱,降低产量或不结果。

【侵染循环】 病菌在病部越冬。受害枝干的病部产生子实体,形成担孢子,成熟孢子借风雨传播飞散,经锯口或虫伤等伤口侵入。

【发病规律】　老树、病虫弱树及管理不善,伤口多的桃树发病重。

【病菌生态】　病菌在麦芽培养基上发育良好,生长最适温度30～33℃,14℃以下或40℃以上停止生长。

【防治措施】

（1）农业防治：加强肥水管理,科学施肥,合理修剪,尽量减少伤口。及时挖除病死及衰弱的老树。

（2）化学防治：随时检查,刮除子实体,清除腐朽木质,涂1％硫酸铜消毒,再涂波尔多液保护。

第九章　害虫识别与防治

红颈天牛

【图版 9】

红颈天牛(*Aromia bungii* Faldermann)属鞘翅目天牛科,别名桃红颈天牛、铁炮虫、哈虫。其果树寄主有桃、梨、杏、李、樱桃、柿等,以核果类果树受害较重。桃树可生长 25~30 年,由于红颈天牛的危害、发生有隐蔽性,如防治不当,树龄 7~8 年的桃树就会因被多条幼虫同时蛀食树干而削弱树势,严重时可致整株枯死,严重影响桃果产量与品质,是桃树的重要害虫之一。

【简明识别特征】

(1) 成虫:体长 28.0~37.0 mm,黑色,有光泽。触角丝状 11节,超过或等于体长。除前胸背板酱红色外,其余均为黑色,背面具瘤状突起 4 个,两侧各有刺突 1 个,鞘翅基部宽于胸部,后端略狭,表面光滑。雄成虫体型较雌成虫略小,前胸腹面密布刻点。雌成虫前胸腹面无刻点,但密布横纹。

(2) 幼虫:成熟幼虫体长 42.0~50.0 mm,黄白色,前胸背板横长方形,前半部横列黄褐色斑块 4 个,背面 2 个横长方形,前缘中央有凹缺,两侧的斑块略呈三角形;后半部色淡,有纵皱纹。胸部有不发达的胸足 3 对。

(3) 卵:圆形,乳白色,直径 6.0~7.0 mm。

(4) 蛹:长 26.0~36.0 mm,淡黄色,羽化前黑色,前胸两侧和前面中央各有 1 个刺突。

【发生与为害】　全国有 2～3 年发生 1 代,上海地区 1～1.5 年完成一个世代,以幼虫在树干蛀道内越冬。翌年 5 月老熟幼虫黏结粪便、木屑在木质部结茧化蛹,6 月中下旬羽化,6 月下旬至 7 月上旬产卵,6 月底孵化,10 月开始越冬。

幼虫蛀食皮层和木质部,喜欢在韧皮部和木质部之间蛀食,向下蛀弯曲隧道,长达 50～60 cm,内有粪屑,隔一定距离向外蛀 1 排粪孔,造成树干中空,皮层脱离、树势衰弱,甚至树体死亡。

【害虫习性】　成虫羽化后常先在树干的蛀道中停留休息 3～5 d 后外出活动。雌成虫遇惊扰即行飞逃,雄成虫则多走避或自树上坠下,落入草中。成虫外出 2～3 d 后开始交尾产卵,常于午间在枝条上栖息或交尾。产卵前期为 5～7 d。成虫产卵有选择性,幼壮树上一般在近土面 35 cm 以内的主干树皮裂缝隙中产卵;成年老树上在主干和主枝基部有裂缝的地方都可以产卵,且产卵量最多,有时 1 株树上可产多粒卵。成虫产卵期 5～7 d,完成产卵后不久便死去。幼虫孵化后,头向下蛀入韧皮部,先在树皮下蛀食,过冬后,翌年春季继续向下蛀食皮层,至 7～8 月当幼虫长到体长 30 mm 后,头向上往木质部蛀食。经过 2 个冬天,到第 3 年 5～6 月老熟化蛹,羽化为成虫。幼虫一生钻蛀隧道总长 50～60 cm。

【害虫生态】　由于虫态历期长,一般年内温湿度变化不影响世代发生,适宜生长发育温度为 7～39 ℃,卵期 7～9 d,幼虫期 23～35个月,蛹期 17～30 d。

【防治措施】

(1) 人工防治:6 月成虫羽化产卵期,经常检查主干,捕杀成虫。幼虫蛀入木质部后,检查虫孔虫粪,用铁丝钩杀幼虫。

(2) 物理防治:成虫羽化前,将主干和主枝涂白(生石灰:硫黄:水为 10:1:40),防止成虫产卵。

(3) 化学防治:6 月中下旬是红颈天牛产卵期,在成虫羽化产卵前,用 8% 氯氰菊酯微胶囊剂 300～400 倍液均匀喷雾,以树皮湿润为准。发现排粪孔后,将孔口粪便、木屑清除干净,塞入蘸有80% 敌敌畏乳油 10～20 倍液的棉球,或注入 80% 敌敌畏乳油

500～600 倍液,然后用湿泥封口。

梨小食心虫

【图版 9～11】

梨小食心虫(*Grapholitha molesta* Busck)属鳞翅目卷蛾科,别名桃折梢虫、东方蛀果蛾、梨小蛀果蛾,常简称"梨小"。其果树寄主有桃、梨、李、苹果、杏、樱桃、梅、枇杷、山楂、木瓜等 10 多种。此虫虽称梨小食心虫,其实在桃树上的危害远比梨树重,为害期长,是我国桃树的重要害虫之一。

【简明识别特征】

(1) 成虫:体长 4.6～6.0 mm,翅展 10.6～15.0 mm。雌雄相似。全体灰褐色,无光泽。前翅灰褐色,无光泽,前缘有 10 组白色斜纹。翅上密布白色鳞片,除顶角下外缘处的白点外,排列很不规则,外缘不很倾斜。静伏时两翅合拢,两外缘构成锐角。

(2) 卵:淡黄色,近于白色,半透明,扁椭圆形,中央隆起,周缘扁平。

(3) 幼虫:共 5 龄。末龄幼虫体长 10.0～13.0 mm。全体非骨化部分淡黄白色或粉红色。头部黄褐色。前胸背板浅黄色或黄褐色。臀板浅黄褐色或粉红色,上有深褐色斑点。腹部末端有臀栉,臀栉 4～7 根。

(4) 蛹:体长 6.0～7.0 mm,纺锤形,黄褐色。腹部 3～7 节背面、后缘各有 1 行小刺,第 8～10 节各具稍大的刺 1 排,腹部末端有 8 根钩刺。茧白色,丝质,扁平椭圆形,长约 10.0 mm。

【发生与为害】 梨小食心虫在上海地区 1 年发生 4～5 代(含越冬代),各代成虫发生高峰时期分别为:越冬代,4 月上中旬;第 1 代,5 月下旬至 6 月上旬;第 2 代,7 月中下旬;第 3 代,8 月中下旬;第 4 代,9 月上中旬。其中,第 2～4 代世代重叠严重。

以老熟幼虫在枝干、根颈裂缝处及土中结茧越冬,也有的在石块下、果筐、果品仓库墙缝处越冬。幼虫越冬在不同树龄的桃园,也有一定的区别。幼龄树因粗皮少,幼虫很少能在树干上越冬,大部分在土中越冬,幼虫死亡率较高,干旱年份死亡率为 10%～20%,多雨年份可达 30%～60%。在老桃园,因树干粗皮较多,为幼虫越冬提供了较多场所。这些也是影响年度间、桃园间发生程度的重要因素。

越冬幼虫化蛹时期因国内不同地域而异,但常与当地的桃树萌芽期吻合,也与各地的气温(等温线)相关。连续 7 d 日平均温度达到 5 ℃时,有幼虫开始化蛹;连续 10 d 日平均温度达到 7～8 ℃时,有成虫开始羽化;连续 5 d 日平均温度达到 11～12 ℃以上时,越冬代成虫进入羽化高峰。上海地区越冬幼虫的常年化蛹期在 3 月中旬前后,早春温度偏高的早发生年在 3 月下旬可始见越冬代成虫,迟发生年则在 4 月上旬。梨小食心虫属于典型的短日照滞育型害虫,诱导滞育的临界光周期,在 20 ℃条件下为 13.75 h 光/10.25 h 暗;在 24 ℃条件下为 13.68 h 光/10.32 h 暗。5～8 日龄幼虫接受滞育诱导光周期更为敏感。

幼虫除蛀食桃果,最常见的还可蛀害桃新梢,致顶梢萎蔫干枯,影响桃树生长。刚萎蔫的梢内有虫,已枯死的梢内大多转移无虫。

年度间 5～6 月雨量多、湿度大的年份发生重;田块间桃、梨混栽或邻栽的果园,发生重;管理上不套袋的果实受害重。

【害虫习性】 成虫夜出活动,以黄昏后至 20:00 为活动最盛期,具有一定的扩散能力,通过标记释放和回收成虫试验表明,最大扩散距离达 3 km。具有趋光性、趋化性,需要补充营养,白天多静伏在叶、枝和杂草丛中,对糖醋液和果汁以及黑光灯有较强的趋性。雌成虫产卵前期 1～3 d,雄虫一生可交尾 1～3 次,卵单粒散产。每只雌虫可产 50～100 粒,各世代成虫产卵量差异较大。越冬代气温低,产卵最少,产卵适宜温度在 13.5 ℃以上,低于此温度不产卵;夏、秋季产卵量明显增加。空气湿度对成虫寿命、交尾率和产卵量有显著影响,其中成虫寿命随空气湿度增加而延长。空气湿度为 90%时,雌雄成虫寿命分别为 6.24 d 和 4.34 d;交尾率最适空气湿度为 65%和 90%时,交尾率超过 60%;雌成虫产卵最适空气湿度为

90%。成虫产卵量还与补充营养有关。据人工饲养条件下观察,在饲养器中加入桃梢和蜂蜜水,雌成虫平均产卵 59.6 粒,只加桃梢的为 26.9 粒,不加桃梢和蜂蜜水的仅为 5.38 粒。空气相对湿度对成虫产卵也有一定影响:相对湿度为 90% 时,平均产卵量为 24.9 粒;相对湿度为 70% 时,平均产卵量为 9.24 粒;相对湿度为 50% 时,平均产卵量仅为 4.5 粒。

【害虫生态】 梨小食心虫各虫态历期因气候条件不同、不同寄主的食料营养不同,有一定的差异性。一般春季气温较低,各虫态发育历期较长,第 1 代卵历期 7～10 d,幼虫历期 15～20 d,蛹历期 10～15 d,世代历期 40 d 左右。夏季气温较高,各世代发育历期明显缩短,第 2～4 代卵期 3～5 d,幼虫期 9～11 d,蛹期 7～8 d,成虫寿命短的 5～6 d,长的 15 d 左右,完成 1 个世代历期 20～30 d。

梨小食心虫各虫态发育历期经室内饲养观察,卵的发育起点温度 10.39 ℃,有效积温 59.84 ℃;幼虫的发育起点温度 9.95 ℃,有效积温 200.43 ℃;蛹的发育起点温度 10.97 ℃,有效积温 140.82 ℃;全世代的发育起点温度 9.80 ℃,有效积温 448.08 ℃。

梨小食心虫的发生程度与气候条件关系密切。秋、冬季干旱的年份,越冬幼虫死亡率较低,多雨年份死亡率较高,有时可达 80%。在土中越冬的幼虫死亡率高于在树干上越冬者,死亡的主要原因是白僵菌的寄生。春季气温回升快,有利于越冬幼虫化蛹和成虫羽化,如遇低温天气,成虫产卵时间向后推移,导致发生时期延后。在气候湿润地区或雨水较多的年份,梨小食心虫在春季可提早发育。空气相对湿度高,成虫寿命延长,并且有利于成虫交尾和产卵。因此,在多雨年份和气候较湿润的地区,成虫繁殖力强,为害严重。

【灾变要素】 汇总上海地区 2009—2019 年梨小食心虫性诱成虫的发生动态系统调查,与综合影响发生轻重的环境要素用多元互作项逐步回归法的数理统计学通过相关性检测,满足梨小食心虫重发生(注:中等偏重发生程度 4 级以上)的主要灾变要素是始见 3～5 月性诱(诱芯为北京中捷产)诱蛾量高于 320～350 头;3～5 月旬平均气温高于 15.5～15.7 ℃;3～5 月累计雨量 190～220 mm;3～

5月累计雨天少于25～29 d;6月累计雨量多于160～185 mm;其灾变的复相关系数为R^2=0.9997。参考以上要素的预警效果平均符合率高达99.8%。

【防治措施】

(1)农业防治:新建果园,避免桃、梨、杏、樱桃、李等混栽或邻栽。冬季耕翻,刮除老皮、翘皮集中处理,可消灭越冬幼虫。

(2)物理防治:秋季越冬幼虫脱果下树前进行树干束草或绑诱虫带诱集越冬幼虫,于出蛰前取下处理;春、夏季剪除被害枝梢或果实,及时处理。成虫发生期,用性引诱剂或糖醋酒液诱杀成虫,或性迷向素减少成虫交尾概率。提早套袋,预防蛀果。

(3)化学防治:越冬代、第1代、第2代和第5代幼虫发生初期是防治的关键时期,一般在成虫高峰期后3～5 d防治,药剂选用35%氯虫苯甲酰胺水分散粒剂7 000～10 000倍液(持效期20 d),或25%灭幼脲悬浮剂1 000～1 500倍液,或5%杀铃脲悬浮剂1 000～1 500倍液,或5%甲维盐微乳剂8 000倍液,或5.7%甲维盐水分散粒剂2 000～3 000倍液,或3%高效氯氰菊酯微囊悬浮剂2 000～4 000倍液等,喷雾防治。

蚜虫

【图版11】

上海桃园常发生蚜虫为害,主要有以下2种。

桃蚜［*Myzus persicae*(Sulzer),异名 *Myzodes persicae* (Sulzer)］属同翅目蚜科,别名桃赤蚜、温室蚜、烟蚜、菜蚜。国内广泛分布,为害桃、李、杏、梅、梨、山楂、樱桃、柑橘、柿、苹果等果树以及辣椒、番茄和十字花科蔬菜。

桃粉蚜(*Hyalopterus amygdali* Blanchard)属同翅目蚜科,别名桃粉大尾蚜、桃大尾蚜、桃粉大蚜、桃粉绿蚜、梅粉蚜等,为害桃、李、杏、樱桃、梨、梅及禾本科植物等。

【简明识别特征】

(1) 桃蚜

① 有翅胎生雌蚜：体长 1.8～2.2 mm，头部黑色，额瘤发达且显著，向内倾斜。复眼褐色，触角黑色，共 6 节，在第 3 节上有 1 列感觉孔，9～11 个，第 5 节端部和第 6 节基部有感觉孔 1 个。胸部黑色，腹部体色多变，有绿色、浅绿色、黄绿色、褐色、赤褐色，腹部背面中央有 1 个褐色近方形斑纹，在其两侧各有小黑斑 1 列。腹管较长，圆柱形，端部黑色，中部稍膨大，在末端处明显缢缩，有瓦片纹。尾片黑色，较腹管短，圆锥形，着生 3 对弯曲的侧毛。

② 无翅胎生雌蚜：体长约 2.0 mm，较肥大，近卵圆形，无蜡粉。体色多变，有绿色、黄色、樱红色、红褐色等，低温下颜色偏深。额瘤、腹管与有翅蚜相似。体侧有较明显的乳突。触角 6 节，黑色，第 3 节无感觉圈孔，基部淡黄色，第 5 节末端与第 6 节基部各有 1 个感觉孔。尾片较尖，中央处不似有翅蚜凹陷。两侧也各有长毛 3 根。

③ 无翅有性雌蚜：体长 1.5～2.0 mm，赤褐色或灰褐色。头部额瘤向外方倾斜。触角 6 节，末端色暗。足跗节黑色，后足的胫节较宽大。腹管端部略有缢缩。

有翅雄蚜与有翅胎生雌蚜相似，但体较小，体长 1.5～1.8 mm，主要区别是腹背黑斑较大。触角第 3～5 节都有感觉孔，数目很多。

④ 卵：长椭圆形，长 0.44 mm。初产时淡黄色，后变黑色，有光泽。

⑤ 若蚜：共 4 龄。体型、体色与无翅成蚜相似，个体较小，尾片不明显，有翅若蚜 3 龄起，翅芽明显，且体型较无翅若蚜略显瘦长。

(2) 桃粉蚜

① 无翅孤雌蚜：体长 2.3 mm，宽 1.1 mm，狭长，卵形，体绿色，被有白色蜡粉。头部骨化，中额瘤及额瘤稍隆。胸、腹部淡色，无斑纹。体表光滑，第 8 节微有瓦纹。缘瘤小，馒头状，淡色，透明，位于前胸及第 1、7 节腹节。体背毛长、尖锐，头部 10～12 根，第 1～4 腹节各有中侧毛 3 对，第 5 节中侧毛 2 对，第 6～8 节有 1 对中毛和 1 对缘毛，第 5 节有时 2 对，第 8 节毛长为触角第 3 节直径的 1.6 倍。触角光滑，长 1.7 mm，为体长的 3/4，第 5、6 节灰黑色，第 6 节鞭部

长为基部的 3 倍;触角第 3 节长 0.45 mm;第 3 节有短毛 14~16 根,毛长为该节直径的 74%。喙粗短,不达中足基节,第 4、5 节短锥状,长为后足第 2 跗节的 58%,有长毛 4~5 对。第 1 跗节毛序 3、3、2。腹管短管状,中部稍膨大,基部稍狭小,端部 1/2 灰黑色,无缘突,有切迹,为尾片的 81%。尾片长圆锥形,有曲毛 5~6 根。尾板有毛 11~13 根。

② 有翅孤雌蚜:体长约 2.2 mm,宽约 0.89 mm,长卵形;头、胸部黑色,腹部黄绿色,有白色蜡粉。触角为体长的 2/3,第 3 节有圆形感觉圈 12~25 个,散布全节,第 4 节为 0~5 个。触角第 1、2 节和 3~5 节端部及第 6 节,以及足跗节均为灰黑色。翅脉正常。腹管基部收缩。其他特征与无翅蚜相似。

③ 卵:椭圆形,长约 0.6 mm,初产时黄绿色,后变为黑色,有光泽。

④ 若蚜:共 4 龄,类似无翅胎生雌蚜,体小。

【发生与为害】

(1)桃蚜:上海地区 1 年发生 20~30 代,世代重叠严重。以卵在植株枝条的芽腋内、分枝或枝梢的裂缝中越冬,还可以无翅胎生雌蚜在菠菜或作物根际处越冬。桃蚜除在桃、梨、橘等果树上产卵越冬,还可在蔬菜田间越冬。越冬卵于翌年 3~4 月寄主萌芽时孵化为干母,群集芽上为害,展叶后迁移到叶背和嫩梢上为害、繁殖,陆续产生有翅孤雌蚜迁飞扩散,4~5 月为害猖獗,5 月产生有翅蚜迁往蔬菜田为害。在上海及其以南地区和北方的加温温室内,则终年或营孤雌生殖,无越冬现象。上海地区桃蚜的发生盛期为 4~6 月和 9~10 月,在蔬菜作物上主要为害青菜、大白菜等十字花科及其他根菜作物如萝卜等。桃蚜每年 5~6 月从桃、梨等果树为害后,可迁飞到蔬菜上,在 9~10 月再次迁飞到桃、梨等果树上进行第 2 次为害。

成蚜、若蚜群集于芽、叶、嫩梢上刺吸为害,被害叶向背面不规则卷曲皱缩,导致营养恶化,并传播病毒,严重时造成叶片脱落。排泄的蜜露诱致煤污病发生。桃蚜对桃梢桃叶有极强的卷曲和抑制生长的能力,严重影响枝梢正常生长。

（2）桃粉蚜：1年发生20多代,自第2代起世代重叠。以卵在桃树枝条的芽腋、树皮裂缝处越冬。越冬卵在翌年桃树萌芽时(3月下旬至4月上旬)开始孵化为干母,取食新叶,干母成熟后,营孤雌生殖,繁殖后代。4月下旬至5月上中旬,桃树新梢嫩叶长势旺,营养条件好,温度适宜,是桃粉蚜的繁殖盛期,也是全年危害的极盛时期。5月下旬开始,产生大量有翅蚜迁移扩散到禾本科杂草芦苇（*Phragmitas communis*）和狗尾草（*Setaria viridis*）上繁殖,但仍有一部分留在桃树上继续繁殖为害。晚秋10月下旬至11月上、中旬,由于寄主衰老,不利于繁殖,产生有翅蚜从夏寄主迁返桃树,产生性蚜,交配产卵越冬。亦有少量蚜虫冬季仍在未脱落叶片及嫩梢上取食、繁殖。

以成蚜、若蚜群集于新梢和叶背刺吸汁液,受害叶片失绿并向叶背纵卷,形成绿色至红色肥厚的拟虫座,严重时全叶卷曲,卷叶内积有白色蜡粉,叶片早落,嫩梢干枯。此外,排泄蜜露常致煤污病发生。

【害虫习性】　2种蚜虫有较强趋黄性和趋嫩性,对银灰色有忌避习性,喜欢群集在桃树叶片、花蕾、嫩梢吸食汁液;当寄主衰老、营养条件恶化时则产生大量有翅蚜迁飞转移到新寄主上,具有较强的迁飞和扩散能力;每头雌蚜寿命可达7～12 d,平均胎生若蚜50～100头。

【害虫生态】　2种蚜虫生长、发育、繁殖的适宜温度是10～30 ℃,最适温度为15～27 ℃,相对湿度50%～85%。在15 ℃下若虫历期12～15 d,在20～25 ℃下若虫历期仅5～6 d。高温高湿可抑制其发育和繁殖。

【灾变要素】　经汇总上海地区2009—2017年在桃园的黄板诱蚜系统调查,与环境要素用多元互作项逐步回归法的数理统计学通过相关性检测,满足桃蚜重发生(注:中等偏重发生程度4级以上)的主要灾变要素:3～4月上旬黄板单板平均累计诱蚜量高于120头,2月下旬至4月上旬的旬均温高于10.6 ℃;2月下旬至4月上旬累计雨量少于140 mm;2月下旬至4月上旬累计雨日少于18 d;2月下旬至4月上旬累计日照时数多于260 h;其灾变的复相关系数

为 $R^2 = 0.8578$。

【防治措施】

（1）农业防治：果园内避免夹种蔬菜，尤其是十字花科蔬菜，并做好杂草尤其是禾本科杂草的防除工作。

（2）人工防治：春季蚜虫发生量较少时，及时剪除被害新梢、嫩叶。

（3）物理防治：利用有翅蚜有趋黄的特性，在桃树生长期悬挂黄板诱杀有翅蚜，尤其是 4～6 月和 9～10 月；或悬挂银灰色塑料膜驱蚜虫。

（4）生物防治：尽量使用低毒、低残留、选择性高的农药，保护和利用草蛉、瓢虫、食蚜蝇、蚜茧蜂等蚜虫天敌。

（5）化学防治：桃芽萌动开始，经常进行虫情发生调查，展叶初期、发生早期就要加强预防性防治，切莫等到卷叶了才用药防治。药剂可选用 22% 螺虫·噻虫啉悬浮剂 1 000 倍液，或 40% 氯虫苯甲酰胺·噻虫嗪水分散粒剂 3 000 倍液，或 21% 噻虫嗪悬浮剂 2 500 倍液，或 22.4% 螺虫乙酯悬浮剂 4 000 倍液，或 25% 吡蚜酮悬浮剂 2 000～2 500 倍液，或 50% 吡蚜酮可湿性粉剂 4 000～5 000 倍液，或 10% 吡虫啉可湿性粉剂 2 000 倍液，或 1.2% 苦参碱·烟碱乳油 1 500～2 000 倍液，或 0.5% 藜芦碱可溶液剂 400～600 倍液，或 25% 噻虫嗪水分散粒剂 8 000 倍液，或 3% 啶虫脒乳油 2 500 倍液等，喷雾防治。

桃蛀螟

【图版 11、12】

桃蛀螟（*Dichocrocis punctiferalis* Guenée）属鳞翅目螟蛾科，别名桃蛀野螟、桃实螟、桃蛀心虫、豹纹斑螟，幼虫称蛀心虫，是一种杂食性害虫。其主要寄主有桃、梨、李、杏、梅、石榴、葡萄、枇杷、柑橘、柿、山楂、无花果、板栗、龙眼、枇杷、银杏、木瓜等 30 多种果树，还有玉米、大豆、扁豆、甘蔗、棉花、向日葵、高粱等 10 多种农作物，还可为害松杉、桧柏等绿化树木，是桃树蛀果的主要害虫之一。

【简明识别特征】

(1) 成虫：体长 11.0～13.0 mm，翅展 25.0～38.0 mm。体、翅鲜黄色，复眼黑色，下唇须两侧黑色。前翅表面有 30 个左右小黑点，后翅表面有 15 个以上小黑点。虫体背面有 10 个黑色块斑，类似豹纹。雄虫腹部较细，末节的大部及抱握器上密布黑色鳞片。雌虫腹部略粗，末节近背面端部有极少的黑鳞片。雌雄虫翅缰皆 1 条。

(2) 卵：长 0.6 mm，宽 0.3 mm，近方椭圆形，底部随着卵环境不同呈不规则形。初产卵乳白色，后变为鲜黄色或暗红色。卵的表面密布细的圆形刻点。

(3) 幼虫：共 5 龄。老熟幼虫体长 18.0～25.9 mm，体色多变，有淡褐、浅灰、浅灰蓝、暗红等色。各体节上都有一定数目的毛片和毛突很发达的黑褐色毛瘤。腹部 1～7 节每节背中央有毛瘤 4 个，前 2 个宽短，后 2 个窄长，皆横列；侧面可见毛瘤 6 个。雄性腹部第 5 节背面可透视体内有 1 对灰黑色性腺，雌性则无。

(4) 蛹：体长 10.0～15.0 mm，黄褐色至红褐色。触角基部膨大。触角、口器、后足等长，略超出翅芽。腹部第 5～7 腹节前缘各有 1 列刺突；末端有 1 个黑褐色笔头状突起，上生弯曲的臀刺 4～5 条。茧灰白色。

【发生与为害】 桃蛀螟在上海地区 1 年发生 4 代，以老熟幼虫在果树翘皮裂缝、僵果、玉米秆、向日葵等处结茧越冬。由于越冬场所的区别，越冬代成虫发生时间相对较长，也是造成以后各代世代重叠的主要原因。第 1、2 代幼虫蛀食果实为主，第 3、4 代主要为害玉米、秋黄桃、柑橘、柿、毛豆、扁豆等作物。常年越冬代成虫 5 月上旬始见，在田间从 5 月中旬到 9 月下旬都可见虫卵，10 月初起陆续有老熟幼虫进入滞育虫态。

上海地区 4～5 月旬平均温度高、5～6 月多雨、相对湿度在 80% 以上的时间越长，越有利于桃蛀螟发生。桃园间发生轻重与 3～4 代发生期套种玉米、毛豆等中间寄主有关，还与周边栽培有梨、秋黄桃、柑橘、柿等有关。重发生时可达到十果九蛀的程度,严重影响品质和食用价值。

上海浦东新区越冬代成虫5月上旬始见,成虫发生期为:越冬代5月上旬至5月下旬,第1代6月下旬至7月上旬,第2代7月下旬至8月上旬,第3代9月上中旬,第4代9月中下旬。由于越冬代的化蛹期参差不齐,后期世代重叠。第1代产卵从5月中旬开始,5月下旬到6月上旬是产卵高峰,以后各代的产卵期为7月上中旬、8月上中旬和9月上中旬。

桃蛀螟幼虫蛀食幼果、花萼。被害果实从蛀孔分泌黄褐色透明胶汁。果实变色脱落,果内充满虫粪。

【害虫习性】 成虫夜出活动,对黑光灯有较强趋性,对糖醋液也有趋性,有取食花蜜、露水以补充营养的习性。白天通常静伏在枝叶稠密处的叶背、杂草丝中,夜晚以后飞出活动,交尾产卵。成虫羽化后1 d交尾,产卵前期2～3 d,喜爱在生长茂密的果上产卵,卵多散产,每次产卵1～2粒。卵初产时为乳白色至米黄色,第2天起转变为鲜红色,孵化前卵顶转为黑褐色。常年1代幼虫孵化盛期在6月上、中旬,正是桃果膨大期,孵化后即可蛀入为害幼果,每只被害果内常有1～2头幼虫,重发生时,有部分果实被成虫多次产卵,可见在同一个果内有多头不同龄期的幼虫。幼虫有转移为害习性,可转害1～3个果;幼虫老熟脱果后多数爬到树干枝杈、翘皮下、裂缝、树洞或杂草丛、果梗等处结灰褐色茧化蛹,也可在两果相接处、果袋褶皱处和枝干缝隙处结茧化蛹。

桃蛀螟越冬态的老熟幼虫常在果树翘皮的裂缝、僵果、玉米秆、向日葵等处结茧越冬。

【害虫生态】 桃柱螟生长繁殖的适宜温度为15～30℃,当温度上升至31℃以上时,幼虫生长发育受到抑制,虫态发育历期延长;温度低于15℃,5龄幼虫发育停滞。成虫产卵量在温度23～25℃时最高,单雌平均产卵量达50～55粒;温度19～21℃时,单雌平均产卵量为40～45粒;温度26～28℃时,单雌平均产卵量降至35粒左右;当温度达到31℃以上,单雌平均产卵量降至20粒左右。幼虫在23～27℃的存活率较高,为55%～66%,31℃以上时仅为

4.3%。各虫态发育历期见表 9-1。

表 9-1　桃柱螟不同温度下的各虫态历期

温度/℃	虫态历期/d			
	卵	幼虫	蛹	全期
18~20	8~10	28~32	20~23	46~52
21~23	6~7	21~23	12~14	38~42
24~25	5~6	18~20	10~11	33~36
26~28	3~4	14~16	8~9	25~27
29~31	4~5	13~15	6~7	22~25

【灾变要素】　经汇总上海地区 2010—2017 年桃柱螟性诱成虫的发生动态系统调查,与综合影响发生轻重的环境要素用多元互作项逐步回归法的数理统计学通过相关性检测,满足桃柱螟重发生(注:中等偏重发生程度 4 级以上)的主要灾变要素是 4~5 月旬均温高于 18.0 ℃;5~6 月上旬的性诱(诱芯为北京中捷产)诱蛾量高于 15 头;5~6 月累计雨量多于 360 mm;5~6 月累计雨日多于 32 d;5~6 月累计日照时数少于 250 h;其灾变的复相关系数为 $R^2 = 0.998\,6$。

【防治措施】

(1)农业防治:桃园内避免套种玉米、大豆等中间寄主作物,以减少虫源;冬季清洁桃园,刮除老翘皮;越冬幼虫化蛹前及时处理周边种植的梨、玉米、大豆、葡萄等作物的果穗和遗株,减少越冬幼虫;加强田间管理,合理剪枝和疏果,避免枝叶郁闭和果与果相互密接,减少卵量并有利于发挥药剂防治的效果。

(2)物理防治:在发生期可用频振式杀虫灯、糖醋酒液和性引诱剂等诱杀成虫,减少桃果上的产卵量。

(3)果实套袋:是最有效的农业防治措施,在子房开始膨大时进行适时套袋,套袋前需结合防治其他病虫害喷药 1 次,对控制桃柱螟蛀果有较好的防效。

(4)化学防治:注意虫情发生动态的调查,在幼虫孵化盛期至

2龄盛期,尚未蛀入桃果前防治。防控对策是重点掌握第1代幼虫孵化时(5月下旬前后),晚熟桃还要在第2代幼虫初孵期(7月中旬前后)进行防治,药剂可选用35%氯虫苯甲酰胺水分散粒剂7 000倍液,或5%氟铃脲乳油1 500倍液,或25%灭幼脲悬浮剂1 500~2 500倍液,或20%除虫脲悬浮剂3 000~5 000倍液,或16 000 IU/mg苏云金杆菌可湿性粉剂1 200~1 600倍液,或20%甲氰菊酯乳油1 000~1 500倍液,或2.5%溴氰菊酯乳油2 000倍液,或2.5%高效氯氟氰菊酯乳油2 500倍液等,喷雾防治。

叶螨

【图版12、13】

上海桃园常发生叶螨为害,主要的害螨有2种。

柑橘全爪螨[*Panonychus citri*(McGregpr)]属真螨目叶满科,别名柑橘红蜘蛛、瘤皮红蜘蛛。其寄主有梨、柑橘、葡萄、枇杷、桃等果树。

二斑叶螨(*Tetranychus yrticae* Koch)属蜱螨目叶满科,别名二点叶螨、棉叶螨、棉红蜘蛛、普通叶螨。其寄主有桃、梨、杏、李、葡萄、柑橘、无花果、樱桃、草莓等果树,以及豆类、玉米、蔬菜等。

【简明识别特征】

(1)柑橘全爪螨

① 成螨:雌螨体长0.3~0.4 mm,暗红色,椭圆形,背部及背侧有瘤状突起,上生白色刚毛,足4对。雄螨体较雌螨小,鲜红色,后端较狭,楔形。

② 卵:球心略扁,宽0.13 mm,红色有光泽。卵上有1个垂直的柄,柄端有10~12条细丝,向四周散射伸出,附着于叶面上。

③ 幼螨:体长0.2 mm,体色较淡,足3对。

④ 若螨:形状、色泽似成螨,个体小,足4对。幼螨蜕皮后为前若螨,体长0.2~0.25 mm,第2次蜕皮后为后期若螨,体长0.25~

— 122 —

0.3mm,第3次蜕皮后为成螨。

（2）二斑叶螨

① 成螨：体色多变，常呈红色或锈红色，有时呈浓绿、褐绿、黑褐、橙红等颜色。体背两侧各具1块褐色长斑，有时斑中部色淡分成前后两块。体背有刚毛6横排共26根。足4对。雌螨体长0.42～0.59mm，宽0.28～0.32mm，椭圆形，多为深红色，也有黄棕色；越冬型雌螨橙黄色，较夏型雌螨肥大。雄螨体长0.36mm，宽0.19mm，近卵圆形，前端近圆形，腹末较尖，多呈鲜红色。

② 卵：球形，长0.13mm，光滑。初无色透明，后变为橙红色，即将孵化时出现红色眼点。

③ 幼螨：初孵时近圆形，体长0.15mm，无色透明，取食后变暗绿色，眼红色，足3对。

④ 若螨：共2个若螨期。前期若螨体长0.21mm，近圆形，足4对，色变深，体背出现色板斑。后期若螨体长0.36mm，黄褐色，与成虫相似。

【发生与为害】 柑橘全爪螨1年发生15代以上，以卵、成螨及若螨在枝条和叶背越冬。早春开始活动，渐扩展到新梢，4～5月达高峰，5月以后虫口密度开始下降，7～8月高温期间数量很少，9～10月虫口上升，为害严重。

二斑叶螨1年发生10多代，以受精的雌成螨在树干翘皮、粗皮裂缝、杂草、落叶、土缝中或冬季作物上越冬。春季平均气温达10℃左右时，越冬雌成螨开始出蛰。树上越冬的雌成螨先在花芽上取食为害，成熟后在叶片背面产卵繁殖，部分雌成螨转移到树下繁殖，幼螨孵化后为害叶片；6月以前，害螨在树冠内膛为害和繁殖。树下越冬的雌成螨出蛰后多集中在杂草上为害繁殖；6月以后，逐渐向树上转移。7月开始，害螨逐渐向树冠外围扩散，繁殖速度快，世代重叠。虫口密度大时，成螨吐丝并借丝传播。

高温干旱有利于二斑叶螨发生，雨季虫口密度迅速下降。6～7月高温少雨，二斑叶螨猖獗为害，7～9月为盛发期。8月下旬开始，天敌增多，有一定抑制作用。高温季节8～10d可完成1个世代。9月下旬以后，随着气温下降，陆续向杂草和保护地转移，10月雌成螨开始陆续越冬。越冬型成螨出现早晚与果树营养关系密切,一般在 10 月上旬出现。

二斑叶螨和柑橘全爪螨以刺吸式口器刺吸寄主叶片、嫩梢和花萼等绿色组织的汁液。为害较轻时,树体内膛叶片主脉两侧出现苍白色小点;为害较重时,全株叶片严重失绿、干枯脱落,当年果小,商品性差,造成损失较大。

【害虫习性】 叶螨的繁殖方式主要为两性生殖,即有性生殖,但也营孤雌生殖。在两性生殖中,雌雄交配获得有两性个体的后代,虽然雌成螨个体间所产生的后代性比有差异,但总体上来看,其雌雄性比趋于 3~5∶1。营孤雌生殖所产生的下一代全部都是雄性个体。叶螨的产卵前期长短和产卵量多少受成螨营养水平及温度等因素的影响。当温度适宜时,其产卵量多。产卵前期随温度升高而缩短,叶螨有滞育现象,影响滞育的环境因素主要有光周期、温度和寄主营养。三因素之间相互依赖、相互制约。而按光照时间的长短又可以把滞育分为短日照滞育型和长日照滞育型,而滞育最敏感虫态是幼螨和前若螨。

二斑叶螨常群集叶背主脉附近并吐丝结网于网下危害,大发生或食料不足时常千余头群集于叶端成一虫团,并可随风迁移扩散为害。

【害虫生态】 柑橘全爪螨发育和繁殖的适宜温度是 20~30 ℃,最适温度为 25 ℃。两性生殖或孤雌生殖。

二斑叶螨生长发育的适宜温度是 10~37 ℃,最适温度为 24~30 ℃,相对湿度为 35%~55%。发育起点温度 8 ℃左右,当温度在 30 ℃以上,相对湿度超过 70%,有较好的抑制虫口密度作用。气温 18~20 ℃条件下,雌螨寿命约 40 d,平均产卵期 13~22 d。单雌产卵 40~85 粒。

【灾变要素】 经汇总上海地区 2009—2017 年桃树叶螨的发生消长系统调查,与环境要素用多元互作项逐步回归法的数理统计学通过相关性检测,满足叶螨重发生(注:中等偏重发生程度 4 级以上)的主要灾变要素是发生初期(越冬、发生早期)2~4 月旬均温高于 10.8 ℃;2~4 月累计雨量少于 220 mm;2~4 月累计雨日少于

32 d;2～4月累计日照时数多于 480 h;发生中期(春末夏初期)5～6
月累计雨量少于 270 mm;2～4月累计雨日少于 25 d;其灾变的复
相关系数为 $R^2 = 0.9232$。

【防治措施】

(1)农业防治:冬季刮除老树皮,清除田间杂草,中耕松土,降
低越冬基数。零星为害时,结合夏季修剪,剪除虫量大的枝叶,带出
桃园集中处理。

(2)生物防治:主要是保护和利用自然天敌,或释放捕食螨、草
蛉等。

以虫治螨:二斑叶螨天敌有 30 多种,如深点食螨瓢虫,幼虫期
每头可捕食二斑叶螨 200～800 头,其他还有食螨瓢虫、小花蝽、草
蛉、塔六点蓟马、盲蝽等天敌。

以螨治螨:保护和利用与二斑叶螨几乎同时出蛰的小枕异绒
螨、拟长毛钝绥螨、东方钝绥螨、芬兰钝绥螨等捕食螨。

以菌治螨:藻菌可使二斑叶螨致死 80%～85%,白僵菌使二斑
叶螨致死 85.9%～100%,与农药混用可显著提高杀螨率。

生产上开展化学防治,要避开天敌大发生的时间,不使用全杀
性农药,同时尽量选择对天敌较安全的农药,充分保护和发挥天敌
的自然控制作用。

(3)化学防治:早春是越冬螨出蛰期和螨卵孵化初期,是最佳
药剂防治时期,药剂可选用 5%噻螨酮乳油 2000 倍液针对杂草和
果树根际喷雾,降低基数。桃树生长季节,如谢花后的展叶期也是
早期防治的关键时期,同时在春夏季节叶片初显有斑点症的为害初
期就要加强防治,药剂可选用 30%腈吡螨唑悬浮剂 2000～3000 倍
液,或 24%螺螨酯悬浮剂 4000～6000 倍液,或 5%唑螨酯悬浮剂
1500～2000 倍液,或 2.5%华光霉素可湿性粉剂 600 倍液,或 10%
浏阳霉素乳油 1000 倍液,或 10%苯丁·哒螨灵乳油 1500 倍液,或
45%联肼·乙螨唑悬浮剂 6000～8000 倍液,或 30%嘧螨酯悬浮剂
4000～5000 倍液,或 22%阿维·哒螨灵乳油 4000 倍液,或 20%哒
螨灵可湿性粉剂 2000 倍液,或 10%四螨嗪可湿性粉剂 1000～1500
倍液,或 5%噻螨酮乳油 1500～2000 倍液,或 50%溴螨酯乳油

1500～2000 倍液等兼具杀螨、杀卵作用的杀螨剂,喷雾防治。早春气温较低时,宜选用 20％哒螨灵可湿性粉剂 2000 倍液,或 34％柴油·哒螨灵乳油 2000 倍液喷雾防治,药效较好。

棉褐带卷叶蛾

【图版 13】

棉褐带卷叶蛾(*Adoxophyes orana* Fischer von Roslerstamm)属鳞翅目卷蛾科,别名苹果小卷叶蛾、小黄卷叶蛾、苹小黄卷蛾。国内黄河流域以南地区都有发生。其果树寄主有桃、梨、李、柿、枇杷、柑橘、山楂等,是桃树上常见害虫。

【害虫形态特征】

(1) 成虫:体长 6.0～9.0 mm,翅展 13.0～23.0 mm。头、胸有黄色鳞毛,腹部淡黄色。前翅黄色,在前缘近基部 1/3 处,有 1 条深黄色斜纹向后伸展,直达后缘,斜纹近中部有分叉,呈"h"形,近顶角处亦有 1 条深色斜纹,自前缘斜向外缘,在臀角处呈"V"形。雄虫较小,在前翅后缘近基角 2/3 处,有 1 条近四角形深黄色斑纹,两翅折合时合成六角形斑纹。

(2) 卵:卵扁平,椭圆形,长 0.7 mm,淡黄色半透明,壳上有较规则的网状纹,呈鱼鳞状排列。卵块近圆形,有胶质薄膜覆盖。

(3) 幼虫:共 5 龄。老熟幼虫体长约 22.0 mm。头部、前胸背板和胸足为黄褐色,其余各节淡黄绿色。

(4) 蛹:长约 10.0 mm,茶褐色。后胸中央近前缘无陷沟,中胸向后突出成舌状,腹末两侧各有 2 根臀棘,末端有 4 根粗细相似的臀棘。

【发生与为害】 上海地区 1 年发生 4 代,世代明显重叠。10 月中旬后末龄幼虫开始在枝干粗皮裂缝中结灰白色茧越冬。翌春当旬均温回升到 12 ℃左右时越冬幼虫开始活动,出蛰为害花和芽,展叶后为害叶片。在浦东,成虫越冬代发生期为 3 月中旬至 4 月中旬,1 代 6 月上中旬、2 代 7 月上中旬、3 代 8 月中下旬、4 代 10 月上中旬。以幼虫为害叶片和果实。幼虫吐丝缀连叶片,在缀连叶片中取食为害,以新叶受害最重,坐果后,常将叶片与果实缀连在一起,啃食果皮,影响果品质量,多雨时常导致果实腐烂。

【害虫习性】 成虫夜出活动,有趋光性(弱)和趋化性(对糖醋具有趋性)。白天隐藏在叶背或草丛灌木中,夜间交尾产卵,成虫寿命 4～13 d,产卵前期 2～3 d。卵块产,常呈椭圆形、20～40 粒不等,排列成鱼鳞状,上覆胶质薄膜。初孵幼虫群集在叶片上,幼虫长大后分散活动,取食幼嫩的芽、叶(常吐丝将 3～5 片叶牵结成包,匿居其中为害)和花蕾,受害叶表面被咬成箩底状,仅剩叶脉。如遇惊动即吐丝下落或迅速逃逸,触动后有倒退或弹跳习性。老熟幼虫在卷叶内开始化蛹(越冬幼虫在树干粗皮缝、剪锯口裂缝、死皮缝隙和疤痕等处做白色薄茧越冬)。

【害虫生态】 适宜生长发育的温度为 15～35 ℃,各虫态历期为:卵 5～8 d,幼虫 20～30 d,蛹 6～8 d。

【防治措施】

(1) 农业防治:发芽前刮除枝干粗皮、翘皮;农事操作时,摘除卵块。

(2) 物理防治:利用性诱剂、杀虫灯、糖酒醋液(糖:酒:醋:水＝5:5:20:80)诱杀成虫。

(3) 化学防治:萌芽前喷施 3～5 波美度石硫合剂或 45% 石硫合剂晶体 60～80 倍液,杀灭越冬幼虫。越冬幼虫出蛰盛期和第 1 代幼虫孵化期是全年药剂防治的关键时期,每代防治 1 次,药剂选用 16 000 IU/mg 苏云金杆菌可湿性粉剂 1 000～1 500 倍液,或 25% 灭幼脲悬浮剂 1 500～2 500 倍液,或 20% 除虫脲悬浮剂 1 500～2 000 倍液,或 35% 氯虫苯甲酰胺水分散粒剂 6 000～8 000 倍液,或 5% 杀铃脲悬浮剂 1 000～1 500 倍液,或 1.8% 阿维菌素乳油 3 000～4 000 倍液,或 2.5% 高效氯氟氰菊酯乳油 2 500 倍液等,喷雾防治。

梨网蝽

【图版 14】

梨网蝽(*Stephanitis nashi* Esaki et Takeya)属半翅目网蝽科，又称梨冠网蝽、梨花网蝽、梨军配虫。梨网蝽为害桃、梨、樱桃、李和山楂等，是桃树主要害虫。

【害虫形态特征】

(1) 成虫：体长 3.3～3.5 mm，扁平，暗褐色。头小，复眼暗黑，触角丝状，翅上布满网状纹。前胸背板宗隆起，向后延伸呈扁板状，盖住小盾片，两侧向外突出呈翼片状。前翅略呈长方形，半透明，具黑褐色斑纹，静止时两翅叠起，翅上黑斑呈"X"状。前胸背板半透明，具褐色细网纹。

(2) 卵：长椭圆形，长 0.6 mm，一端略弯曲。初产时淡绿色半透明，后变为淡黄色。

(3) 若虫：共 5 龄。末龄若虫体长 1.9 mm。初孵若虫乳白色，近透明，数小时后变为淡绿色，最后变为深褐色。3 龄后有明显翅芽，腹部两侧及后缘有 1 环黄褐色刺状突起。

【发生与为害】 上海地区 1 年发生 4 代，以成虫在枯枝落叶、翘皮缝、杂草及土石缝中越冬。翌年桃树展叶时成虫开始活动，卵产于叶背叶脉两侧的组织内，卵上附有黄褐色胶状物。若虫孵化后群集在叶背主脉两侧为害，2 龄后逐渐扩散为害，若虫、成虫喜集叶背主脉附近为害。

上海地区梨网蝽各代若虫发生期为：1 代 5 月上中旬，2 代 6 月中下旬，3 代 8 月上中旬，4 代 9 月中下旬。由于出蛰期不整齐，世代重叠，8～9 月为害最重，10 月中旬后成虫开始越冬。

成虫和若虫栖居于叶背吸食汁液，被害叶正面形成苍白色斑点，叶片背面布满褐色斑点状虫粪及分泌物，使整个叶背呈现锈褐色，并能诱致煤污病发生，严重时被害叶早落，影响树势和产量。

【害虫习性】 成虫怕阳光，多隐匿在叶背面，遇惊后逃逸或飞走,夜间具有趋光性。卵块常数粒至数十粒相邻、多产在叶背面主脉两侧的叶肉组织内,产卵处外面都有1个中央稍为凹陷的小黑点(上面覆盖黑褐色虫粪),每头雌成虫可分次产卵数十粒至上百粒。初孵幼虫行动迟缓,先群集在叶背面主脉两侧吸食汁液为害,2龄后分散为害,先在下部为害,逐渐扩散至整个树冠,被害叶面呈现黄白色斑点,叶背和下边叶面上常落有黑褐色带黏性的分泌物和粪便,经4次蜕皮后羽化为成虫。

【害虫生态】 成、若虫生长繁育最适温度为20~32℃,卵历期9~15 d,若虫历期12~18 d。

【防治措施】

(1)农业防治:9月中旬开始在树干绑草或诱虫带诱集越冬成虫。冬季或成虫春季出蛰前,彻底清除杂草、落叶,集中处理,降低虫源基数。

(2)化学防治:越冬成虫出蛰盛期、第1代若虫孵化盛期、7~8月大发生前是防治的关键时期。药剂选用22.4%螺虫乙酯悬浮剂2 500~3 000倍液,或5%啶虫脒乳油2 000~3 000倍液,或70%吡虫啉水分散粒剂8 000~10 000倍液,或25%吡蚜酮可湿性粉剂2 000~3 000倍液,或2.5%高效氯氟氰菊酯乳油3 000倍液,或20%甲氰菊酯乳油3 000倍液,或2.5%溴氰菊酯乳油3 000倍液,或10%吡虫啉可湿性粉剂2 000倍液等,喷雾防治,以叶片背面为主。

桃潜叶蛾

【图版14、15】

桃潜叶蛾(*Lyonetina clerkella* Linnaeus)属鳞翅目潜蛾科,别名桃潜蛾。桃潜叶蛾为害桃、李、杏、樱桃、梨、山楂等果树,是桃树常见害虫之一。

【简明识别特征】

(1)成虫:体银白色,体长约3.0 mm,翅展约6.0 mm。触角丝状,长于体。触角基部鳞毛形成"眼罩",银白色稍带褐色。唇须短小,尖而下垂。前翅狭长,银白色,有长毛,中室端部有 1 个椭圆形黄褐色斑点。后翅银灰色,缘毛长。

(2)卵:长 0.5mm,圆形,乳白色,孵化前变为褐色。

(3)幼虫:体长约 6.0mm,念珠形略扁,节间沟明显,头和足褐色,胸、腹部淡绿色。胸足 3 对,黑褐色。腹足 5 对。

(4)蛹:长 3.5mm,淡白色,具浅褐色鞘翅,腹部末端有 2 个圆锥形突起,其顶端各有 2 根毛。茧长椭圆形,白色,两端具长丝,粘于叶、枝等组织上。

【发生与为害】

上海地区 1 年可发生 7 代,老熟后离开虫道,迁移到落叶、枝杈、树皮裂缝或土块缝隙、田边杂草等处结成白茧,以蛹或老熟幼虫在白茧内越冬。一般于 4 月中旬至 5 月上中旬发生第 1 代,第 1 代于 5 月上中旬至 6 月中下旬结束。以后 25~30 d 发生 1 代,一直延续到 11 月上中旬,11 月中旬以后进入越冬期。除第 1、2 代发生稍整齐外,以后各代发生均不整齐,呈现出明显的世代重叠现象。

田间桃叶受害症状从 4 月上旬开始出现,以后叶片受害症状时重时轻,一直延续到 11 月上旬,为害时间长达 6 个月。不仅桃树的春梢、夏梢叶片被害,而且秋梢的叶片也可受害。因此,在田间往往呈现为害时间长,受害程度重。

桃潜叶蛾以幼虫在叶片内潜食,造成弯曲迂回的蛀道,叶片表皮不破裂,从外面可看到幼虫所在位置。幼虫粪便排于蛀道内。在果树生长后期,蛀道干枯,有时穿孔。虫口密度大时,叶片焦枯,提前脱落。

【害虫习性】 成虫一般喜欢产卵于新叶上,将卵产在叶表面。幼虫孵化后直接在叶组织内潜食为害,串成弯曲隧道。幼虫初孵的 1~2 d,潜食虫道较短,在第 3~5 d 潜食虫道迅速加长,并出现弯曲折回道,5 d 后潜食活动减弱,幼虫逐渐老熟,7 d 后老熟幼虫钻出虫道吐丝下垂,或爬至叶背、枝杈等处化蛹。受害叶片逐渐干枯脱落。

【害虫生态】 桃潜叶蛾卵期 3~7 d,温度 25~28 ℃时为 5~7 d。1~7 代幼虫蛀道长度分别为 9.3、10.2、11.1、10.4、10.8、

9.7、9.5 cm。幼虫历期一般为 7～12 d,第 1 代幼虫发生期由于温度较低,历期往往较长,可达 15～20 d。幼虫在叶肉内的死亡率一般为 5%～8%,干旱季节 5 月中旬幼虫死亡率可达 44.2%～80.9%,7 月中旬可达 57.9%～81.2%。茧长 4.0～5.0 mm,由 8～9 根细丝悬挂在叶片背面,也有 2%～5% 在地面杂草上结茧化蛹的。结茧化蛹期 7～10 d,幼虫在茧内死亡率为 6%～12%,越冬蛹死亡率为 13.9%～16.4%。

【防治措施】

(1)农业防治:对受害比较严重的桃园,冬季修剪适当加重修剪量,彻底剪除树上病虫枝、枯枝、僵枝;用刮刀或其他器具刮除老树皮,有该虫越冬痕迹的地方更需认真刮净,刮后涂刷石硫合剂浆液,刮除的树皮集中处理;冬季对桃园土壤实行深翻;清扫落叶,清除田边地头杂草。4 月下旬至 5 月上旬,在桃园畦面铺盖无纺布或地膜,不仅可以隔绝该虫部分化蛹场所,而且能改善土壤温、湿度环境,有利于桃树健康生长。

(2)生物防治:从桃树萌芽开始至 10 月下旬成虫越冬止,利用性引诱剂诱杀桃潜叶蛾成虫,并可监测成虫动态。

(3)化学防治:桃树花芽膨大期,叶芽尚未开放,越冬代成虫已出蛰群集在主干或主枝上,但没产卵,可喷洒 50% 敌敌畏乳油 1 000 倍液,对压低当年虫口数量起决定性作用。桃树春梢展叶期防治第 1 代幼虫,以后成虫发生高峰后 3～7 d 内即可进行药剂防治,药剂可选用 25% 灭幼脲悬浮剂 1 500 倍液,或 20% 杀铃脲悬浮剂 3 000 倍液,或 20% 甲氰菊酯乳油 1 500 倍液等。

橘小实蝇

【图版 15】

橘小实蝇(*Bactrocera dorsalis* Hende)属双翅目实蝇科,又名东方果实蝇,为害柑橘、橙、柚、柠檬、杨梅、梨、李、杏、桃、枇杷、葡

萄、石榴、辣椒等植物。此虫为新害虫,2007 年前属检疫对象,2010
年后国内各地开始发生较为普遍,部分地区发生严重灾害,此后作
为常规性防治对象,也是桃树的常见害虫之一。

【害虫形态特征】

(1)成虫:体长 6.55～7.5 mm,翅展约 16.0 mm,体型小,深黑
色。复眼间黄色,复眼的下方各有 1 个圆形大黑斑,排列成三角形。
胸背面黑褐色,具 2 条黄色纵纹,上生黑色或黄色短毛,前胸肩胛鲜
黄色,中胸背板黑色,较宽,两侧有黄色纵带,小盾片黄色,与上述两
条黄色纵带连成"V"字形,腹部由 5 节组成,赤黄色,有"丁"字形的
黑纹。

(2)卵:梭形,长约 1.0 mm,宽约 0.1 mm,乳白色,一端较细而
尖,另一端略钝。

(3)幼虫:体长约 10.0 mm,黄白色,圆锥形,前端细小,后端圆
大,由大小不等的 11 节体节组成。口器黑色。

(4)蛹:椭圆形,长 5.0 mm,宽 2.0 mm,淡黄色,蛹体上残留有
由幼虫前气门突起而成的暗点。

【发生与为害】 橘小实蝇在上海 1 年发生 5～6 代(浙江 1 年
发生 6～7 代)。各世代重叠,以蛹越冬。越冬代成虫 4 月下旬羽
化、第 1 代成虫 5 月中旬羽化、第 2 代成虫 6 月中旬羽化、第 3 代成
虫 8 月中旬羽化、第 4 代成虫 9 月中旬羽化、第 5 代成虫 10 月中旬
羽化、第 6 代蛹 11 月下旬越冬。成虫每年 5～7 月发生量较低,9～
10 月上旬形成 1 次种群增长高峰。

成虫把卵产在果实中,产卵过程中所形成的产卵孔,往往导致
被害果实形成局部坏死斑、霉变,常常引发有害真菌入侵。幼虫孵
化后,群集在果内取食,果外可见到蛀孔和虫粪,蛀孔四周变黑,危
害严重时可达十果九蛀,1 个果实有时多个或 10 余个蛀孔,最后腐
烂脱落,无法食用。

【害虫习性】 成虫早晨至中午前羽化出土,8 时最多。成虫羽
化经性成熟后交配产卵,交尾时间一般在傍晚 7～9 时或更晚,每次
交尾时间 3～4 h,有的甚至长达 10 h。雌雄成虫均可多次交尾。产
卵时有选择性,喜欢在五成熟左右的果实上产卵,每孔产 5～10 粒,

每雌一生可产卵 300 粒,最多 890 余粒。在实验室里,产卵时间大多在下午 4~5 时。幼虫孵化后取食果肉,导致空洞、腐烂。成虫羽化即取食花蜜、果实或露水补充营养,然后飞到寄主果实上产卵形成新一轮危害。

【害虫生态】 在上海,雌成虫产卵前期夏季为 20 d,春、秋季为 25~60 d,冬季为 3~4 个月。卵期夏季 2 d,冬季 3~6 d。幼虫期夏季 7~9 d,秋季 10~12 d,冬季 15~20 d,幼虫蜕皮 2 次,老熟后进入土层中化蛹。蛹入土深度与土质松紧度有关,一般壤土多入土 2~3 cm 化蛹,土质疏松者入土化蛹可达 7~10 cm,土壤中的水分含量高低对桔小实蝇蛹的成活率影响很大,当土壤含水量 5% 以下时蛹几乎无法生存,当土壤含水量超过 30% 时蛹则不能羽化。蛹期夏季 8~9 d,秋季 10~14 d,冬季 15~20 d。

橘小实蝇各虫态发育起点温度和有效积温分别为:卵 15.64 ℃、15.97 d·℃,幼虫 12.97 ℃、91.93 d·℃,蛹 10.83 ℃、165.75 d·℃,产卵前期 16.83 ℃、122.38 d·℃,全世代 14.17 ℃、396.03 d·℃。

【防治措施】

(1)农业防治:及时捡除落果,初期隔 3~5 d 捡拾 1 次,并摘除树上虫果,集中处理,也可用水浸泡 8 d 以上。冬、春翻耕灭蛹,结合冬、春施肥,进行土壤翻耕灭蛹,减少 1 代成虫发生量。

(2)物理防治:坐果定果后,及时套袋,可有效避免成虫产卵。但套袋选择不适,特别是套袋过小或用尼龙网袋仍可造成危害。

(3)诱杀成虫:从温度升高时开始,或幼果期至采收期,每 667 m² 悬挂 24 cm×30 cm 实蝇性诱剂粘板 10~20 张。用 98% 诱蝇醚诱杀成虫,每 667 m² 挂诱捕器 3~5 个,高度 1.5 m,用药量第 1 次 2 mL,以后每隔 10~15 d 加药 1 次。

(4)药剂防治:该虫卵期特长,不能见到有症状时再用药防治,应该在果实膨大转色期预防,用 0.02% 多杀霉素饵剂 6~8 倍液,每 7 d 喷 1 次,喷雾防治;用 25 g/L 溴氰菊酯乳油 2 000 倍液或 1.8% 阿维菌素乳油 1 000 倍液在该蝇为害期,隔 15 d 喷洒 1 次,保果效果好;用甲基丁香酚加 3% 二溴磷溶液浸泡蔗渣纤维(57 mm×57 mm×10 mm)方块或药棉在成虫发生期挂在树荫下,每日投放 2 次;用

2 mL 甲基丁香酚原液加 90％敌百虫晶体 2 g,取 1.5 mL 滴于橡皮头将其装入用可口可乐塑料瓶制成的诱捕器内,挂在距地面 1.5 m 果树上,每 60 m² 挂 1 个,每 30～60 d 加 1 次药液。

斜纹夜蛾

【图版 16】

斜纹夜蛾(*Spodoptera litura* Fabricius)属鳞翅目夜蛾科,别名莲纹夜蛾、莲纹叶盗蛾,全国各地均有分布,是一种杂食性、暴发性害虫,为害桃、梨、柑橘、葡萄、草莓等果树及粮经作物和各类蔬菜等 99 科 290 余种植物。

【害虫形态特征】

(1) 成虫:体长 14.0～16.0 mm,翅展 33.0～35.0 mm。头部和胸部褐色,额有黑褐斑,颈板有黑褐横纹。腹部褐色。前翅褐色,雄虫前翅带有黑棕色,R 和 M 基部褐黄色,基线与内横线后端相连。环纹淡褐色,瘦长外斜,外侧有 1 条淡褐黄色斜纹,自 M 伸至前缘脉;肾脉中央黑色。内缘淡褐黄色,弓形;外缘内凹,前端为淡黄褐色,齿状,后端淡黄褐色;亚缘线淡褐黄色,内侧在 C_{u1}～M_1 及 R_3 处各有 1 个黑色尖齿;外横线与亚缘线之间带有紫灰色;缘线较粗,黑色,内侧有 1 条淡褐黄色细线。雌虫外横线与亚缘线间呈不明显带紫灰色。后翅白色半透明,翅脉及缘线褐色。

(2) 卵:宽 0.4～0.5 mm,扁平球形。初产时黄白色,后变为淡绿色,孵化时呈紫黑色。卵呈块状,卵块由 3～4 层卵粒组成,外覆灰黄色疏松绒毛。

(3) 幼虫:共 6 龄。老熟幼虫体长 35.0～47.0 mm。头部黑褐色,胸、腹部颜色变化较大,为土黄色、青黄色、灰褐色或暗绿色。全体遍布不明显的白色斑点。背线、亚背线及气门下线均为灰黄色及橙黄色。从中胸至第 9 腹节在亚背线内侧有近似三角形的黑斑 1 对,其中以第 1、7、8 腹节最大。中、后胸黑斑外侧伴以黄白色小点。气门黑色。胸足近黑色,腹足暗褐色,刚毛极短。

(4)蛹:长 15.0~20.0 mm。初化蛹时脂红色稍带青色,后渐变为赭红色。腹部背面第 4~7 节近前缘各有 1 个小刻点。臀棘短,有 1 对强大而弯曲的刺,刺的基部分开。

【发生与为害】 斜纹夜蛾是迁飞性害虫,在上海、长江流域 1 年发生 5~6 代,世代重叠,在华南地区可终年为害。

上海地区斜纹夜蛾的发生盛期在 7~10 月(2~4 代),以幼虫取食叶、花蕾、花及果实。低龄幼虫取食叶肉,残留上表皮,4 龄后可将叶片吃光。由于幼虫排泄粪便,污染叶片和果实,诱发煤污病。

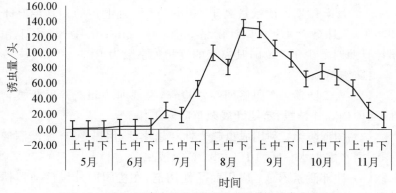

图 9-1 1998—2015 年的斜纹夜蛾灯下诱蛾旬均发生消长图

【害虫习性】 成虫夜间活动,对黑光灯有趋光性,还对糖、醋、酒及发酵的胡萝卜、麦芽、豆饼、牛粪等有趋化性。产卵前需取食蜜源补充营养,白天躲藏在植株茂密的叶丛中,黄昏时飞回开花植物,寿命 5~15 d,平均每头雌蛾产卵 3~5 块,400~700 粒。卵多产于植株中、下部叶片的反面,多数多层排列,卵块上覆盖棕黄色绒毛。初孵化的幼虫先在卵块附近昼夜取食叶肉,留下叶片的表皮,将叶食害成不规则的透明白斑。2、3 龄开始逐渐四处爬散或吐丝下坠分散转移为害,取食叶片的危害状成小孔,4 龄后食量骤增,有假死性及自相残杀现象。虫口密度大时,可将叶片吃光,并侵害花蕾、花及果实;也可钻入果实内取食,造成腐烂。在虫口密度过高、大发生时,幼虫有成群迁移的习性。幼虫老熟后,入土 1~3 cm,作土室化蛹。

【害虫生态】 适宜斜纹夜蛾生长发育的温度为 20~40 ℃;最适环境温度为 28~32 ℃,相对湿度为 75%~95%,土壤含水量 20%~30%。28~30 ℃卵历期 3~4 d,幼虫期 15~20 d,蛹历期 6~9 d。室内用不同食料饲养幼虫,在相同的湿度下历期长短有一定的差异。

【灾变要素】 经汇总 1998—2015 年的斜纹夜蛾灯下诱蛾虫情发生动态系统调查,与环境要素用多元互作项逐步回归法的数理统计学通过相关性检测,满足利于斜纹夜蛾重发生的主要灾变要素是 5 月至 7 月上旬累计诱蛾量高于 20 头;5~7 月上旬的旬均温高于 23.5 ℃;5 月至 7 月上旬累计雨量 350~400 mm;5 月至 7 月上旬累计日照时数少于 380 h;其灾变的复相关系数为 $R^2 = 0.8631$。

【防治措施】

(1) 人工防治:产卵盛期经常检查,发现卵块和新筛网状被害叶,立即摘除并销毁;定期开展杂草防除工作。

(2) 物理防治:利用成虫趋光性和趋化性,用黑光灯、糖醋酒液(糖∶酒∶醋∶水=6∶1∶3∶10)诱杀成虫。

(3) 性外激素诱杀:应用商品性诱剂,在桃园内外设诱捕器诱杀雄成虫,干扰交配,通过减少有效卵量,减少用药防治。

(4) 生物防治:斜纹夜蛾幼虫对病毒制剂极敏感,应用 300 亿 PIB/g 核型多角体病毒水分散粒剂 8 000~10 000 倍液可以得到较好的防治效果。

(5) 化学防治:采用压低 3 代虫口、巧治 4 代控制为害、挑治 5 代的防治策略,并在防治第 3、4 代时,还需喷药兼治桃园间作植物和田间周围杂草上的斜纹夜蛾,以压低基数,控制虫口密度。药剂防治关键是在幼虫低龄期(3 龄前)傍晚用药,药剂选用 10%虫螨腈悬浮剂 2 000~3 000 倍液,或 5%氟啶脲乳油 2 000 倍液,或 5%氟虫脲乳油 2 200 倍液,或 15%茚虫威悬浮剂 4 000 倍液,或 25%灭幼脲悬浮剂 800 倍液,或 24%甲氧虫酰肼悬浮剂 2 000 倍液,或 2.5%高效氯氟氰菊酯乳油 2 000 倍液,或 10%联苯菊酯乳油 2 000 倍液等,喷雾防治。

茶翅蝽

【图版 16、17】

茶翅蝽（*Halyomorpha halys* Stal，异名 *H. Picus* Fabricius）属半翅目蝽科，又称臭木蝽象、臭木蝽、茶色蝽。其主要寄主为桃、梨、李、杏、柿、梅、果桑、樱桃、山楂、无花果、石榴、柑橘等，是桃园常见害虫之一。

【害虫形态特征】

（1）成虫：体长 12.0～16.0 mm，宽 6.5～9.0 mm，扁椭圆形，淡黄褐色至茶褐色，略带紫红色。前胸背板、小盾片和前翅革质部有黑褐色刻点，前胸背板前缘横列 4 个黄褐色小点，小盾片基部横列 5 个小黄点，两侧斑点明显。腹部两侧各节间均有 1 个黑斑。

（2）卵：常 20～30 粒并排在一起。卵粒短圆筒状，形似茶杯，初灰白色，孵化前黑褐色。

（3）若虫：共 5 龄。初孵若虫体长约 1.5 mm，近圆形。腹部淡橙黄色，各腹节两侧节间各有 1 个长方形黑斑，共 8 对。腹部第 3、5、7 节背面中部各有 1 个较长的长方形黑斑。老熟若虫与成虫相似，但无翅。

【发生与为害】 在上海地区 1 年发生 1 代，以成虫在树洞、土缝、石缝、空房、屋角、檐下及草堆等处越冬。常年越冬成虫在 6 月上旬产卵，卵多产于叶背，6 月中下旬孵化，7 月中下旬羽化，年内 1 代的早期虫源，有的能产生第 2 代个体。秋季有的以受精成虫越冬。

成虫和若虫吸食嫩叶、嫩梢和果实的汁液，严重时造成叶片枯黄，提早落叶，树势衰弱。被害嫩梢停止生长。果实受害部分停止发育，形成果面凹凸的疙瘩果。对套袋的果实也有一定危害，严重影响果实品质和外观。

【害虫习性】 茶翅蝽成虫寿命差别很大,有的可存活数年,产卵期较长,世代重叠严重。以成虫在空房、屋角、檐下、树洞、土缝、石缝及草堆等处越冬。通常越冬的成虫在翌年5月中旬开始活动,6月中旬开始产卵,产卵前后差异可达2个月以上,雌虫产卵量20~80粒,多数成虫产卵量为40~50粒,大多数成虫产完卵以后不久就死亡。卵块产,多产于叶背,10~20粒分几列排列成一个卵块。若虫孵化后,先静伏于卵壳周围或上面,以后分散为害。从9月底开始部分个体开始寻找越冬场所,10月中旬至10月下旬绝大部分成虫陆续进入越冬场所。

【害虫生态】 在适温区内,卵期和若虫期与温度呈负相关。一般卵期2~4 d,若虫期30~40 d。

【防治措施】

(1)农业防治:在5月中旬前后完成果实套袋。结合日常管理,摘除带有卵块和初孵若虫的叶片。

(2)化学防治:6月上中旬是防治的关键时期,选用10%吡虫啉可湿性粉剂2 000倍液,或20%氰戊菊酯乳油2 000倍液等,喷雾防治。

桑白蚧

【图版17】

桑白蚧(*Pseudaulacaspis pentagona* Targioni-Tozzetti)属同翅目盾蚧科,又称桑白盾蚧、桑介壳虫、黄点介壳虫、桑盾蚧、桃介壳虫、树虱。其寄主有桃、李、杏、樱桃、苹果、梨、葡萄、核桃、梅、柿、枇杷、醋栗、柑橘、桑等。全国各地均有发生,是桃树的常见害虫之一。

【害虫形态特征】

(1)成虫:雌成虫橙黄或橘红色,体长1.0 mm左右,宽卵圆形扁平,触角短小退化呈瘤状,上有1根粗大的刚毛。雌虫介壳圆形,直径2.0~2.5 mm,略隆起有螺旋纹,灰白至灰褐色;壳点黄褐色,在介壳中央偏旁。雄成虫体长 0.65～0.7 mm,翅展 1.32 mm 左右,橙色至橘红色,体略呈长纺锤形,眼黑色,仅有 1 对前翅,卵形被细毛,后翅为平衡棒。介壳长约 1.0 mm,细长白色,背面有 3 条纵脊,壳点橙黄色,位于壳的前端。

(2) 卵:椭圆形,长径 0.25～0.3 mm,短径 0.1～0.12 mm,初产淡粉红色,渐变淡黄褐色,孵化前为杏红色。

(3) 若虫:初孵若虫淡黄褐色,扁卵圆形,以中足和后足处最阔,体长 0.3 mm 左右。眼、触角和足俱全。触角长 5 节,足发达能爬行。腹部末端具尾毛 2 根。两眼间有 2 个腺孔,分泌棉毛状物遮盖身体。蜕皮之后眼、触角、足、尾毛均退化或消失,开始分泌介壳,第 1 次蜕下的皮覆于介壳上,偏一方,称壳点。

(4) 雄蛹:橙黄色,长椭圆形,长 0.6～0.8 mm。头部具 1 对黑色复眼和 1 对触角。翅和足紧贴蛹体。

【发生与为害】 上海、浙江 1 年发生 3 代(广东发生 5 代,北方各省发生 2 代),以受精后雌成虫在介壳内越冬。翌年 3 月下旬开始产卵,4 月上中旬为产卵盛期,产卵于介壳下,随着产卵,虫体向介壳头端收缩,腾出空位,用以藏卵。4 月中下旬开始孵化,初孵若虫很活跃,爬行数天后,在枝干上固定,吸吮树液,不再迁移,逐渐形成介壳,覆盖虫体。2 龄开始出现性的分化,雄虫在 5 月中旬开始预蛹,分泌白色长筒形绒茧,而后进入蛹期,6 月上中旬雄成虫羽化。雌虫不经预蛹和蛹期。雌成虫经交配后,于 6 月产卵,7 月上中旬第 2 代若虫孵化。第 3 代若虫 9 月上中旬孵化,雄成虫于 10 月羽化,并与雌成虫交配。交配后的雌成虫继续吸吮树液,并于 11 月中旬开始越冬。

【害虫习性】 取食后虫体迅速肥大,腹部圆厚,体色转深呈紫红色,此时介壳顶起,容易剥离。初孵若虫能在树枝上爬行活动,群集取食,经 1 周蜕皮为 2 龄虫,以口针固定体躯不再移动,又 1 周蜕第 2 次皮,再经 1～2 周蜕第 3 次皮即为无翅雌成虫。雌虫交尾后交卵于介壳内体下,也有不经交尾行孤雌生殖的,产卵后即死于介壳下。雄成虫飞翔力弱,只能在树上爬动,寿命从几小时到一昼夜,交尾后即死。雌成虫平均每头产卵 228.76 粒,最多 304 粒,最少

136粒,孵化率为97.82%。从产卵至孵化约为2周。

【害虫生态】 桑白蚧卵发育起点温度10.27℃,卵有效积温88.9℃。根据浙江桐乡的观察,卵历期为:1代(22.3℃)18d、2代(28.5℃)8d、越冬代(26.8℃)12d;若虫历期:1代(23.5℃)35d、2代(28.7℃)25d、越冬代(23.1℃)30d;成虫历期:1代(26.8℃)36d、2代(26.4℃)37d、越冬代(10.8℃)205d。

【防治措施】

(1)人工捕杀:用硬毛刷或细钢丝刷刷掉枝干上的越冬雌虫,结合整形修剪剪除被害严重的枝条。

(2)生物防治:保护利用天敌。在4~6月,红点唇瓢虫大量发生时,禁止使用高毒农药,可用选择性低毒农药或生物农药。此外要人为创造有利于天敌昆虫的生存环境,桃园内适当种植豆科植物,为天敌繁殖提供条件,对抑制桃园中后期介壳虫有一定效果。

(3)药剂防治:若虫分散转移前、"若虫游走期"即从卵孵化盛期开始到2龄若虫固定分泌蜡质前(5月中下旬)是药剂防治的最佳时期,可选用240g/L螺虫乙酯悬浮剂3000倍液,或25%噻虫嗪水分散粒剂4000~5000倍液,或22%氟啶虫胺腈悬浮液4000倍液,或25%噻嗪酮可湿性粉剂1500倍液,或10%吡虫啉可湿性粉剂1500~2000倍液,或95%机油乳剂150倍液等,喷雾防治。

桃天蛾

【图版17、18】

桃天蛾[*Marumba gaschkewitschi echephron* Boisd,异名*Marumba gaschkewitschi*(Bremer et Grey)]属鳞翅目天蛾科,别名桃六点天蛾、桃雀蛾、枣天蛾,为害桃、梨、葡萄、枇杷、杏、李、枣、樱桃等果树,是桃园常见害虫之一。

【害虫形态特征】

（1）成虫：体长 36.0～46.0 mm，翅展 80.0～120.0 mm，体翅灰褐色；复眼黑褐色，触角短栉状、浅灰褐色；胸背中央有 1 条深色条纹；前翅内横线双线、中横线和外横线为带状，近外缘部分均为黑褐色，近臀角处有 1～2 个黑斑；后翅粉红，近臀角处有 2 个黑斑。

（2）卵：椭圆形，长约 1.6 mm，绿色至灰绿色，有光亮，散产。

（3）幼虫：共 6 龄。末龄幼虫体长约 80.0 mm，黄绿色至绿色，体表密生黄白色颗粒；胸部两侧各有 1 条颗粒组成的黄白色侧线，腹部每节有黄白色斜条纹；气门椭圆形，围气门片黑色；尾角粗长，生于第 8 腹节背面。

（4）蛹：长约 45.0 mm，黑褐色，尾端有短刺。

【发生与为害】 上海地区 1 年发生 2 代，以蛹在地下 5～10 cm 深处的蛹室中越冬。越冬代成虫于 5 月中旬出现，第 1 代幼虫 5 月下旬至 6 月发生，7 月上旬出现成虫；第 2 代幼虫 7 月下旬至 8 月上旬为害；9 月下旬幼虫老熟，入土化蛹越冬。

幼虫啃食叶片，常吃光叶片，残存粗脉和叶柄，严重时全树叶片被吃光，影响产量和树势。

【害虫习性】 成虫昼伏夜出，成虫寿命 5～7 d，有趋光性。卵多散产于枝干皮缝中，也有产在叶片上，每雌产卵量可达 170～500 粒。

【害虫生态】 适宜生长发育的温度为 20～35 ℃，卵历期 6～8 d，幼虫历期 18～26 d，蛹历期 12～15 d。

【防治措施】

（1）农业防治：秋后深翻树盘消灭部分越冬蛹。桃树生长季节根据树下幼虫排泄的虫粪可人工捕杀幼虫。

（2）物理防治：用黑光灯诱杀成虫。

（3）生物防治：注意保护和引放天敌。绒茧蜂对第 2 代幼虫的寄生率很高，1 头幼虫可繁殖数十头绒茧蜂，其茧在叶片上呈棉絮状，应注意保护。

（4）化学防治：幼虫为害期，选用 20%除虫脲悬浮剂 1 000 倍液，或 20%杀铃脲悬浮剂 8 000 倍液，或 25%灭幼脲悬浮剂 1 500～

2 000 倍液,或 16 000 IU/mg 苏云金杆菌可湿性粉剂 1 000～1 500 倍液等,喷雾防治。

桃剑纹夜蛾

【图版 18】

桃剑纹夜蛾(*Acronicta intermedia* Warren)属鳞翅目夜蛾科,别名苹果剑纹夜蛾,为害桃、梨、杏、李等果树及绿化树木,是桃园常见害虫之一。

【害虫形态特征】

(1)成虫:体长 17.0～22.0 mm,翅展 40.0～48.0 mm,灰色微褐。复眼球形、黑色;触角丝状,暗褐色;胸部被密而长的鳞,腹面灰白色。前翅灰色微褐,环纹灰白色、黑褐边;肾纹淡褐色、黑褐边;肾、环纹几乎相接。其间有 1 条向外斜的黑色短线;内线双条黑色锯齿形,内条色深;外线双条黑色锯齿形,外条色深。外线至外缘灰黑色;外缘脉间各有 1 个三角形黑斑;剑纹黑色,基剑纹树枝形,端剑纹 2 个分别于外线中、后部达到翅外缘;前缘有 7～8 条黑色外斜短线。后翅灰白色微褐,外缘较深,翅脉淡褐色。各足跗节为浓淡相间的环纹。腹部背面灰色微褐,腹面灰白色。雄腹末分叉,雌较尖。

(2)卵:半球形,直径 1.2 mm,白至污白色。

(3)幼虫:体长 38.0～40.0 mm,灰色微带粉红,疏生黑色细长毛,毛端黄白稍弯。头红棕色布黑色斑纹。傍额片(额)和蜕裂线黄白色。化蛹前头部几乎成黑色。背线很宽,淡黄至橙黄色;气门下线灰白色。前胸盾中央为黄白色细纵线、两侧为黑纵线。胸节背线两侧各有 1 个黑毛瘤。腹节背线两侧各有 1 个中间白色、周围黑色的毛瘤,2～6 腹节者最明显;1～6 节毛瘤下侧各有 1 个白点,其前后各具 1 个棕色斑;7、8 节毛瘤下仅有 2 个棕色斑,无白点。第 9 节毛瘤下为 1 个棕色大斑。第 1 腹节背面中央有 1 个黑色柱状突起。上密生黑色短毛和稀疏长毛,基部两侧各有 1 个黑点,突起后有黄白色短毛丛;第 8 腹节背面较隆起,有 4 个黑毛瘤呈倒梯形,后两个较大;臀板上有"8"字形灰黑色纹。各节气门线处有 1 个粉红色毛瘤。胸足黑色,腹足俱全、暗灰褐色。气门椭圆形,褐色。

(4) 蛹:长 20.0 mm,初黄褐后棕褐色有光泽。腹末有 8 根刺,背面 2 根较大。

【发生与为害】 1 年发生 2 代,以蛹在地下土中或树洞、裂缝中做茧越冬,5～6 月羽化。上海地区 1 代幼虫发生期 6 月中下旬,2 代幼虫 8～9 月发生。9 月中下旬化蛹,开始越冬。

幼虫食叶,低龄幼虫于叶背啃食叶肉呈纱网状,3 龄后啃食成缺刻和孔洞,大发生时啃食果皮。

【害虫习性】 成虫有趋光性,昼伏夜出,羽化后、产卵前期 1 d,寿命 10～15 d。卵一般喜欢产在向阳面的叶片背面或树皮上。幼虫孵化后会向枝条端部移动,一般喜欢自叶片顶部开始取食。

【害虫生态】 室内饲养,越冬蛹正常越冬需要一定的湿度,长时间置于干燥环境(不加湿),蛹成活率为 40%,羽化成活率仅为 67%。适宜生长发育的温度为 18～32 ℃。卵历期 6～8 d,幼虫历期 25～20 d,蛹历期 10～15 d。

【防治措施】

(1) 农业防治:秋后深翻树盘,刮除翘皮,消灭越冬蛹。

(2) 化学防治:幼虫发生期,选用 25% 灭幼脲悬浮剂 1 500～2 000 倍液,或 20% 虫酰肼悬浮剂 1 500～2 000 倍液,或 25% 除虫脲可湿性粉剂 1 500～2 000 倍液,或 35% 氯虫苯甲酰胺水分散粒剂 8 000～10 000 倍液等,喷雾防治。

梨剑纹夜蛾

【图版 18】

梨剑纹夜蛾[*Aronicta rumicis*(Linnaeus)]属鳞翅目夜蛾科,

别名梨剑蛾、梨叶夜蛾、酸模剑纹夜蛾。国内除西藏外,大部分地区都有发生。梨剑纹夜蛾主要为害梨、桃、李、桑、杏、山楂、苹果、桑、柳及蔬菜等,是桃园常见的次要害虫之一。

【害虫形态特征】

(1)成虫:体长约 14.0 mm,翅展 32.0~46.0 mm。头部及胸部棕灰色杂黑白色;额棕灰色,有 1 束黑条。足跗节黑色,有淡褐色环。腹部背面浅灰色带棕褐色,基部毛簇微黑。前翅暗棕色,间有白色;基线为 1 条黑短粗条,后端弯向内横线;内横线双线黑色波曲。环纹灰褐色黑边;肾纹淡褐色,半月形。前缘脉至肾纹有 1 束黑条。外横脉双线黑色,锯齿形,在中脉处有 1 条白色新月形纹;亚缘线白色;缘线白色,外侧有 1 列三角形黑斑。后翅棕黄色,边缘较暗,缘毛白褐色。

(2)卵:宽约 0.5 mm,高约 0.35 mm,半球形。卵面中部有近百条纵棱,为双序式排列。纵棱间有微凹横格。初产乳白色,孵化前暗褐色。

(3)幼虫:共 3 龄。体长 28.0~33.0 mm。初孵幼虫灰绿褐色,被黑色长毛。2 龄起体色和毛色多变,可分为两类:①黑头型:头黑褐色,微有光泽,冠缝及傍额片白色;体暗褐色,背线为黄白色至橘黄色斑点,气门上线及气门线灰褐色,气门下线紫红色间有黄斑;腹面紫褐色或棕灰色;腹部第 1、8 节背面隆起;气门筛白色,围气门片黑色;各节有灰褐色毛丛,毛片淡褐色至橘黄色;胸足及腹足黑褐色;其中有的个体体色和毛色暗褐色至棕黑色,有的偏向白黑对比。②红头型:头红赭色至红褐色,光亮;体色和毛色都偏向红赭。

(4)蛹:长 13.0~15.0 mm,宽 5.0~6.0 mm。初化蛹时黄褐色,渐变棕褐色,羽化前黑褐色。腹部第 1~4 节背面有许多黑色瘤突。中央向两侧渐小。腹末臀棘延伸,上有刷状棕色毛丛。

【发生与为害】 上海地区 1 年发生 4 代,以蛹在土壤中越冬。翌年 3 月下旬至 5 月上旬羽化,成虫发生期为:越冬代 3 月下旬至 5 月上旬,第 1 代 5 月中旬至 6 月下旬,第 2 代 7 月下旬至 8 月上旬,第 3 代 8 月下旬至 10 月中旬。

以幼虫为害叶片,造成缺刻,严重时叶片被食光,仅剩叶脉,影响生长。

【害虫习性】 成虫昼伏夜出,有趋光性和趋化性,成虫寿命7～10 d。卵产于叶背或芽上,排列成卵块。初孵幼虫先取食卵壳后再取食嫩叶。幼虫早期群集取食,后逐渐分散为害。初孵幼虫啃食叶片叶肉,残留表皮,稍大后食叶呈缺刻和孔洞。幼虫老熟后缀叶作薄茧化蛹。

【害虫生态】 适宜生长发育的温度为 12～35 ℃,上海各虫态历期:卵 5～7 d,幼虫 18～20 d,蛹 10～11 d。

【防治措施】

(1)农业防治:秋末深翻树盘消灭越冬蛹。

(2)物理防治:用糖醋酒液、黑光灯诱杀成虫。

(3)化学防治:梨剑纹夜蛾多为零星发生,一般不需要单独防治,多数年份只作兼治对象,发生严重的果园,在幼虫发生初期选用 25%灭幼脲悬浮剂 1 500～2 000 倍液,或 20%虫酰肼悬浮剂 1 500～2 000 倍液,或 240 g/L 甲氧虫酰肼悬浮剂 3 000～4 000 倍液,或 25%除虫脲可湿性粉剂 1 500～2 000 倍液,或 35%氯虫苯甲酰胺水分散粒剂 8 000～10 000 倍液,或 10%氟苯虫酰胺悬浮剂 1 500～2 000 倍液,或 5%甲氨基阿维菌素苯甲酸盐微乳剂 6 000～8 000 倍液,或 1.8%阿维菌素乳油 2 500～3 000 倍液,或 2.5%高效氯氟氰菊酯乳油 2 000 倍液等,喷雾防治。

咖啡木蠹蛾

【图版 18、19】

咖啡木蠹蛾[*Zeuzera coffeae*(Nietner)]属鳞翅目木蠹蛾科,别名咖啡豹蠹蛾、咖啡黑点木蠹蛾、豹纹木蠹蛾。咖啡木蠹蛾为害桃、梨、葡萄、柑橘、樱桃、枇杷等多种果树,是低龄幼树常见害虫之一。

【害虫形态特征】

(1)成虫:体长 11.0～26.0 mm,翅展 30.0～50.0 mm,雄虫比

雌虫小,体灰白色。雌虫触角丝状,雄虫触角基半部羽状,端部丝状,均为黑色,覆有鳞片。胸背各节具横列青蓝色纵纹3条,两侧各具青蓝斑1个,腹面有同色斑3个。前、后翅脉间密布青蓝色短斜斑纹,外缘脉端为斑点,后翅斑点色较淡。雌虫后翅中部具较大青蓝圆斑1个。

(2)卵:椭圆形,长约 1.0 mm,黄色至棕褐色,孵出后变为透明。

(3)幼虫:共5龄。体长 20.0~35.0 mm,红色,头褐色或浅褐色,前胸盾黄褐色至黑色,近后缘中央有4列向后呈梳状的齿列,腹足趾钩双序环,臀板黑褐色。

(4)蛹:体长 16.0~27.0 mm,褐色有光泽,第2~7节腹节背面各具2条隆起,腹末具刺6对。

【发生与为害】 上海1年发生1代,以幼虫在枝条中越冬,5月上旬幼虫开始老熟,5月中旬开始羽化。

幼虫蛀入嫩梢,将桃树新梢内蛀空,致上部枝干枯萎,容易折断。

【害虫习性】 成虫昼伏夜出,有趋光性,成虫寿命平均43 d。羽化后不久即交配产卵,卵块产于皮缝和孔洞中,产卵期1~4 d,单雌产卵量达 224~1132 粒。初孵幼虫群集卵块上方取食卵壳,2~3 d后爬到枝干上吐丝下垂扩散,自树梢上方的腋芽蛀入,经过5~7 d后又转移为害较粗的枝条,幼虫蛀入时先在皮下横向环蛀1圈,然后钻成横向同心圆形的坑道,沿木质部向上蛀食,每隔5~10 cm向外咬1排粪孔,状如洞箫,被害枝梢上部通常干枯。初孵幼虫粪便为粉末状,黄白色;2 龄后幼虫粪便为圆柱形,黄褐色至黑褐色。粪便大小可作为识别虫龄大小的依据。老熟幼虫化蛹前,吐丝缀合碎屑、虫粪堵塞虫道两端,然后在隧道中化蛹。

【害虫生态】 适宜生长发育的温度为 20~30 ℃,卵历期9~15 d,幼虫历期长达 150 d 以上,蛹历期 10~15 d。

【防治措施】

(1)农业防治:及时剪除被害小枝;大枝受害,用铁丝刺杀虫道中的幼虫。秋季每株增施硅钙肥 50~100 g,树木吸收后硅元素在表皮细胞中聚集,形成比较坚硬的表皮层,使幼虫很难侵入。

(2)物理防治:5月下旬开始,用频振式杀虫灯诱杀成虫。

(3)生物防治:保护利用天敌。据调查,天敌有姬蜂、小蜂、小茧蜂等,对控制咖啡木蠹蛾危害有良好的作用。

(4)化学防治:幼虫孵化期,用2.5%高效氯氟氰菊酯乳油2 000倍液全园喷雾防治,以新梢为重点。发现排粪孔后,塞入蘸有80%敌敌畏乳油10～20倍液的棉球,或注入80%敌敌畏乳油500～600倍液,然后用湿泥封口,防效很好。

白星花金龟

【图版19、20】

白星花金龟[*Potosia*(*Liocila*)*brevitarsis* Lewis]属鞘翅目花金龟科,别名白纹铜花金龟、白星花潜、白星金龟子、铜克螂。国内除西藏、云贵高原地区外,大多数地区都有发生。成虫取食桃、梨、李、杏、柿、葡萄、无花果等多种果实,是桃园常见害虫之一。

【害虫形态特征】

(1)成虫:体长17.0～24.0 mm,宽9.0～12.0 mm。椭圆形,具古铜色或青铜色光泽,体表散布众多不规则白绒斑。触角深褐色,复眼突出。前胸背板具不规则白绒斑,后缘中凹。前胸背板后角与鞘翅前缘角之间有一个三角片十分显著,即中胸后侧片。鞘翅宽大,近长方形,遍布粗大刻点,白绒斑多为横向波浪形。臀板短宽,每侧有3个白绒斑呈三角形排列。腹部1～5腹板两侧有白绒斑。足较粗壮,膝部有白绒斑;后足基节后外端角尖锐;前足胫节外缘3齿,后足跗节顶端有2个弯曲爪。

(2)卵:长1.7～2.0 mm,圆形或椭圆形,乳白色。

(3)幼虫:体长2.4～3.9 mm,柔软肥胖而多皱,弯曲呈"C"字形。头褐色,胴部白色,肛腹片的刺毛呈"U"形排列。

(4)蛹:体长20.0～23.0 mm,卵圆形,裸蛹,黄白色,蛹外包以土室。

【发生与为害】 白星花金龟1年发生1代,以幼虫在土壤内越冬,常年的4月下旬到6月上旬为化蛹盛期,成虫最早于5月上旬始见,6～7月为成虫发生盛期,8～9月产卵,9月下旬成虫开始批量死亡。

白星花金龟成虫取食花朵的花器,致花朵腐烂,幼虫在土壤根部生活。7～8月果实成熟时,成虫在桃园昼夜啃食果实,受害严重。

【害虫习性】 成虫白天活动,有假死性,飞翔力强,一般能飞5～30 m,最多能飞50 m。对糖醋和果醋有趋性,对信息素也有很强的趋性,具有趋腐性、群聚性,常群集为害果实,寿命一般为92～135 d。没有趋光性。成虫可多次重复交尾。卵多产于粪堆、秸秆、腐草堆等腐殖质较多、环境条件比较潮湿或施有未经腐熟肥料的场所。幼虫不用足行走,将体翻转借体背体节的蠕动前进。幼虫多在腐殖质丰富的疏松土壤或腐熟的粪堆中生活,不为害植物,并且对土壤有机质转化为易被作物吸收利用的小分子有机物有一定作用。

【害虫生态】 适宜生长发育的温度为18～32 ℃,卵历期25～30 d,幼虫历期125～142 d,蛹历期(包括预蛹期)28～35 d。

【防治措施】

(1)农业防治:冬季全园深翻,消灭越冬幼虫,减少虫源。

(2)人工防治:利用成虫假死性,于傍晚进行振落捕杀。白星花金龟喜欢聚集在烂果上取食,可将浸过农药的烂果悬挂在树枝上毒杀成虫,还可在聚集为害时进行人工捕杀。

(3)物理防治:用糖醋或果醋诱杀成虫。

(4)生物防治:利用白星花金龟成虫有群集的习性,在树冠1.0～1.5 m高处,悬挂酒瓶或清洗过的废农药瓶,瓶内放入2～3个白星花金龟成虫,可有效诱杀白星花金龟成虫。

(5)化学防治:幼虫出土前每667 m^{2}用5%辛硫磷颗粒剂3 kg撒施,或50%辛硫磷乳油300～400 g加细土30～40 kg拌匀后撒施,或50%辛硫磷乳油500～600倍液地面均匀喷雾。施药后及时浅耙,以防光解;生长季节,结合防治其他害虫,于桃树开花前和坐果后选用 2.5％高效氯氟氰菊酯乳油 2 000 倍液,或 10％联苯菊酯乳油 3 000 倍液等,全株喷雾防治。

绿盲蝽

【图版 20】

绿盲蝽[*Lygus lucorum*(Meyer-Dür)]属半翅目盲蝽科,全国大多数地区都有发生,以长江流域发生较重。近几年,绿盲蝽是桃、梨、桃、葡萄、苹果、樱桃、枣等多种果树常见害虫,且为害较重,还为害棉花、玉米、豆类、苜蓿、苕子、胡萝卜、茼蒿等数十种作物。绿盲蝽在棉花、果园间作的生产区发生偏重,被称为果园杀手。

【害虫形态特征】

(1) 成虫:体卵圆形,长 5.0 mm,宽 2.2 mm,黄绿色或浅绿色,密生短毛。头部三角形,黄绿色,复眼棕红色突出,无单眼,触角 4 节丝状,短于体长。前胸背板深绿色,布许多小黑点,前缘宽。小盾片三角形微突,黄绿色,中间具 1 条浅纵纹。前翅基部革质,绿色,端部膜质,半透明,灰色。胸足 3 对,黄绿色,后足腿节末端具褐色环斑,跗节 3 节,末端黑色。

(2) 卵:长 1.2 mm,香蕉形,黄绿色,卵盖浅黄色,边缘无附属物。

(3) 若虫:共 5 龄,初孵若虫体橘黄色,2 龄黄褐色,3 龄长出浅绿色翅芽,5 龄若虫鲜绿色,密生黑细毛,复眼灰色,触角淡黄色,末端渐浓。翅芽尖端深蓝色,达腹部第 4 节。

【发生与为害】 上海地区 1 年发生 4～5 代,发生期不整齐,世代重叠现象严重,以卵在果树枝条上的芽鳞内或其他植物中越冬。翌年 4 月中旬开始孵化,4 月下旬为孵化盛期,初孵若虫集中在花器、嫩芽及幼叶上为害。5 月上中旬为越冬代成虫羽化高峰期,也是集中为害幼果的时期。成虫寿命长,产卵期可持续 1 个月左右。

第 1 代发生较整齐,以后世代重叠。年内在桃、梨上主要为害到 6 月中旬,尤以展叶期至幼果期为害最重。当嫩梢停止生长、叶片老化后则转移到周围其他寄主植物上为害。秋季,部分末代成虫又陆续迁回果园,多在顶芽上产卵、越冬。

绿盲蝽以春秋两季危害严重,成虫和若虫刺吸为害桃树幼叶,被害处形成红褐色、针尖大小的坏死点,随叶片的伸展生长,以小坏死点为中心,拉成圆形或不规则形的孔洞。受害严重的叶片,从叶基至叶中部残缺不全。桃树谢花后,在花萼未脱掉前,绿盲蝽刺吸果实汁液,随着果实增大,果面坏死斑也变大,刮去幼果上的茸毛,清晰可见坏死斑,影响果实正常发育。

【害虫习性】 成虫寿命长,喜阴湿,怕干燥,避强光,白天潜伏,清晨和傍晚活动,喜食花蜜补充营养,为害芽、嫩梢和幼果;有趋光性,用不同颜色的粘胶板诱捕,对米黄色、黄绿色有较强的趋性,对黄色趋性次之。绿盲蝽成虫爬行迅速、飞翔能力较强,在同一株上活动以爬行为主,当受扰时迅速起飞,1 次飞行距离为 3～9 m,主动迁飞时为 2～5 m,少有连续 2 次以上飞行,当寄主植物能满足其食物需要时,一般不会做远距离转主。雌虫产卵前期 6～7 d,产卵期 30～40 d;平均产卵量 280 粒。卵散产,每处多数为 2～3 粒,越冬代的卵多选择产在顶芽上,非越冬代卵多散产在嫩叶、茎、叶柄、叶脉、嫩蕾等组织内,外露黄色卵盖。若虫孵出 1～2 min 即可迅速爬行,多隐藏于嫩芽内,不易被发现,受强烈振动可落地,并迅速逃匿。3 龄若虫在空气相对湿度 60％的条件下可耐饥饿 35～47 h。

【害虫生态】 3～4 月旬均温高于 10 ℃,或连续 5 d 均温达 11 ℃,相对湿度高于 70％,卵开始孵化。发生繁育的最适气温 20～30 ℃,相对湿度 80％～90％时易大量发生。卵历期 7～9 d,若虫历期 18～25 d。成虫高温低湿不利其生存。

【防治措施】

(1)农业防治:冬春季绿盲蝽越冬卵孵化前,彻底清除果园内及其周围的枯枝落叶、杂草等,集中处理,消灭越冬虫卵。3 月上中旬前刮除树干及枝杈处的粗皮,集中处理。

(2)物理防治:离地 1 m 左右悬挂米黄色或黄绿色粘虫板,有一定效果。

（3）生物防治：采用性信息素诱杀。

（4）化学防治：桃树花前、花后、抽枝展叶期，用药 1～2 次。9 月中旬，越冬代成虫迁回高峰时，连续喷药防治 2 次。药剂可选用 0.5％藜芦碱可湿性粉剂 600～800 倍液，或 0.3％印楝素乳油 400～600 倍液，或 70％吡虫啉水分散粒剂 8 000～10 000 倍液，或 20％啶虫脒可溶性粉剂 8 000～10 000 倍液，或 5％高效氯氟氰菊酯乳油 3 000～4 000 倍液等。用药尽量在早晨或傍晚，连同地面和行间作物、杂草一起喷洒。

小绿叶蝉

【图版 20】

小绿叶蝉［*Empoasca flavescens*（Fabricius）］属同翅目叶蝉科，又称桃叶蝉、桃小浮尘子、桃小叶蝉、桃小绿叶蝉等。其主要寄主有梨、桃、杏、李、樱桃、梅、葡萄、山楂、柑橘、猕猴桃等果树和豆类、棉花、禾谷类、花生、向日葵、薯类等作物，是桃园常见害虫之一。

【害虫形态特征】

（1）成虫：体长 3.3～3.7 mm，淡绿色至绿色，复眼灰褐色至深褐色，无单眼。触角刚毛状，末端黑色。前胸背板、小盾片皆鲜绿色，常具白色斑点。前翅半透明，略呈革质，淡黄白色，周缘具浓绿色细边。后翅透明膜质，各足胫节端部以下淡青绿色，爪褐色，跗节 3 节。后足跳跃式。腹部背板颜色深于腹板，末端淡青绿色。头背面略短，向前突，喙微褐，基部绿色。

（2）卵：长椭圆形，略弯曲，纵径 0.6 mm，横径 0.15 mm，乳白色。

（3）若虫：共 5 龄。末龄若虫体长 2.5～3.5 mm，与成虫相似（表 9-2）。

表 9-2　小绿叶蝉各龄若虫特征

龄期	体长/mm	形 态 特 征
1 龄	0.96	乳白色。头大,复眼突出;体细小,有稀疏细毛
2 龄	1.30	淡黄色。体节明显
3 龄	1.64	淡绿色。腹部明显增大,翅芽开始显露
4 龄	2.08	翅芽明显
5 龄	2.24	翅芽伸达第 5 腹节,第 4 腹节膨大

【发生与为害】　上海 1 年发生 4～6 代,以成虫在树皮缝隙、落叶、杂草和低矮绿色植物中越冬。翌年桃发芽后出蛰,飞到树上刺吸汁液,后交尾产卵,越冬代成虫的产卵期可长达 1 个月之久,因此世代重叠十分严重,6 月虫口数量增加,7～8 月虫量最大、为害最重。秋末以后以成虫越冬。

成虫、若虫吸食芽、叶和枝梢汁液。被害叶片出现失绿斑点,严重时全树叶片苍白色,提早落叶,削弱树势。

【害虫习性】　成、若虫喜欢白天活动,在雨天和晨露时不活动,时晴时雨、杂草丛生的果园利于虫口发生。善跳,可借风扩散,有补充营养的习性,常在叶背刺吸汁液或栖息。有陆续孕卵和分批产卵习性,每雌产卵量 10～30 粒。多产在新梢或叶片主脉里。若虫常栖息在嫩叶背面。

【害虫生态】　旬均温 15～25 ℃适其生长发育,28 ℃以上及连续阴雨虫口下降。卵历期 5～20 d,若虫历期 10～20 d,非越冬成虫寿命 30 d,1 个世代 40～50 d。

【防治措施】

(1)清除虫源:成虫出蛰前,及时清除桃园落叶、杂草,刮除翘皮,减少越冬虫源。

(2)化学防治:越冬代成虫迁入后、各代若虫孵化盛期,及时用药喷雾防治,药剂可选用 50%吡蚜酮可湿性粉剂 4 000 倍液,或 10%吡虫啉可湿性粉剂 1 500～2 000 倍液,或 3.3%阿维·联苯菊酯乳油 1 200 倍液等。

灰蜗牛

【图版 21】

灰蜗牛(*Fruticicola ravida* Benson)别称灰巴蜗牛,属软体动物门腹足纲柄眼目蜗牛科,在东北、华北、华东、华南、华中、西南、西北等地都有发生。其主要寄主有桃、梨、柑橘、草莓及各种蔬菜、花木等上百种作物。

【害虫形态特征】

(1)成体:爬行时体长 30.0～36.0 mm。贝壳圆球形,壳高 19.0 mm,宽 21.0 mm,有 5.5～6.0 个螺层。壳口椭圆形,贝壳前段体躯背部及两侧有 4 条明显黑褐色纵带,近背纵线的 2 条纵带较宽,两侧的 2 条较细,且不达于头部。

(2)卵:直径 1.3 mm,圆球形,初为乳白色,后变为淡黄色;近孵化时,呈土黄色。壳坚硬,常 10～20 粒集于一起,粘成卵堆。

(3)幼体:体小,与成体相似。

【发生与为害】 上海地区 1 年发生 1～1.5 代。成体或幼体多在植物根部、草堆、石块或松土下面越冬。越冬时分泌一层白膜封住壳口。翌年 3 月上中旬开始活动,为害和产卵繁殖主要在 4～6 月和 9～11 月 2 个阶段,以 5～6 月为盛期。温暖多雨天气及田间潮湿地块受害重;遇有高温干燥条件,蜗牛常把壳口封住,潜伏在潮湿的土缝中或茎叶下,待条件适宜时,如下雨或灌溉后,于傍晚或早晨外出取食。

以幼体、成体取食叶片或幼嫩组织和幼苗,初孵幼体取食叶肉,留一层表皮,稍大后把叶片吃成缺刻或孔洞。

【害虫习性】 成体白天潜伏,傍晚 18～21 时和清晨 4～5 时为活动、取食高峰,遇有阴雨天可整天在植株上栖息。4 月下旬到 5 月上中旬成体开始交配。卵块产,每头成体平均产卵 50～100 粒,卵在阳光下易被晒裂死亡。初孵幼体多群集在一起,只取食叶肉,留下表皮,爬行时留下移动线路的黏液痕迹,长大后分散为害,喜栖息在植株茂密低洼潮湿处,常年 11 月中下旬开始越冬。

【害虫生态】 适宜灰蜗牛生长发育的温度为 10~35 ℃,最适环境温度为 15~28 ℃,相对湿度 90% 以上。在适温下卵历期 14~31 d,幼体历期 6~7 个月。

【防治措施】

(1)农业防治:清除田间杂草、枯枝、落叶。结合果树夏剪,进行人工捕捉。每天傍晚蜗牛活动高峰时,进行人工捕杀。

(2)物理防治:将 30 cm 宽的塑料膜缠在树干上,扎紧下端,上端向外下翻成喇叭状,用全棉绒布浸蘸柴油绑在塑料膜上作为阻隔带,可以有效阻断其上爬为害。树干地面铺稻壳,防止蜗牛靠近树干上树。用杂草、树叶堆放田间,诱集蜗牛,人工捕杀。

(3)化学防治:用 8% 四聚乙醛颗粒剂配成 2.5%~6% 的豆饼或玉米粉等毒饵地面撒施,或每 667 m² 撒施 8% 四聚乙醛颗粒剂 0.5 kg 毒杀。

鸟害

【图版 21】

【发生与为害】 桃近成熟时,各种鸟类专门喜欢挑选成熟、着色好的桃子啄食。即使套袋,也会遭到不同程度损失。

【防治措施】 桃果即将成熟期,果园应安装驱鸟器或人工驱赶,减少鸟类对桃的危害。有条件的果园,可以安装防鸟网。

第十章　缺素和生理障碍识别与防治

缺铁症

【图版 21、22】

【缺素特征】　桃树缺铁症又称黄叶病。多在 4 月中旬开始出现,初期新梢顶端的嫩叶变黄,叶脉两侧及下部老叶仍为绿色,后随新梢伸长,病情逐渐加重,致全树新梢顶端嫩叶严重失绿,仅剩叶片主脉和侧脉仍为绿色或黄绿色,全叶变为黄白色。严重时,叶缘呈褐色烧焦状,叶片提早脱落。6~7 月病情严重的,新梢中、上部叶变小早落呈光秃状,枝条中下部叶片呈黄绿相间的花纹叶。春秋雨季病情趋缓,新梢顶端可抽生少量失绿新叶。数年后树冠稀疏,树势衰弱,致全树死亡。

【缺素原因】　缺铁症是一种生理性病害,由于铁素供应不足引起。桃树可吸收利用的铁素为二价铁离子,当土壤中二价铁离子不能满足桃树吸收利用时,就发生缺铁。

pH 值高、石灰量高的碱性土壤或土壤含水量高均易造成缺铁;大量使用化肥,土壤板结容易缺铁;磷肥、氮肥施用过多,造成缺铁;铜不利于铁的吸收,锰锌过多加重缺铁失绿。土壤黏重、排水不良、地下水位高的低洼地容易缺铁;根部发育不良或发生根部病害,均会造成缺铁。

桃叶片铁含量在 60~200 mg/kg 为适量。

【补救措施】

（1）土壤改良增施农家肥、绿肥或酸性商品有机肥，使土壤不溶性铁转化为可溶性铁；低洼桃园注意排水，盐碱地适当灌水压碱。

（2）合理施肥控制磷肥、锌肥、铜肥、锰肥及石灰质肥料的用量，避免这些营养元素过量对铁的拮抗作用，预防缺铁症。

（3）目前施用的铁肥分为无机铁肥和螯合铁肥两类。品种主要有硫酸亚铁、硫酸亚铁铵、尿素铁、柠檬酸铁和 EDTA 铁等。发生黄叶后早晚叶片正反面喷施 0.3％柠檬酸铁，或 0.3％硫酸亚铁，或硫酸亚铁混合溶液（硫酸亚铁 300～400 倍液＋0.1％尿素＋0.05％柠檬酸），或黄腐酸二胺铁 200 倍液，7～10 d 喷 1 次，直到叶片完全转绿。秋季结合根施有机肥，将铁肥与有机肥混合施入土壤，铁肥施用量因树体大小而定，一般每株成年树根施硫酸亚铁 0.3～0.5 kg。

缺氮症

【图版 22】

【缺素特征】　缺氮桃树枝条相对变硬，新梢生长短。严重缺氮时新梢停止生长，细弱而硬化，皮部呈浅红色或淡褐色。新梢下部老叶初期失绿变黄，叶柄、叶缘和叶脉有时变红，后期脉间叶肉产生红棕色斑点，斑点多。病重时叶肉呈紫褐色坏死。叶肉红色斑点是缺氮的特征。严重缺氮时，花芽较正常株少，花少，坐果少，果实小、味淡，但果实早熟，上色好。果肉风味淡，含纤维多。果面不够丰满，果肉向果心紧靠。全树矮小。

【缺素原因】　管理粗放、杂草多、氮肥施用不足或施肥不均匀都是造成缺氮的主要因素。在秋梢速长期或灌水过量时，桃树也易缺氮。

土壤检测分析：硝态氮低于 5 mg/kg 为缺乏，30～80 mg/kg 为适量，砂质土大于 100 mg/kg 或黏土大于 200 mg/kg 均为过剩。铵态氮低于 25 mg/kg 为缺乏,50～150 mg/kg 为适量,大于 200 mg/kg 为过剩。

叶片检测分析:当年延长枝中部的叶片含氮量低于 2.4% 为缺乏,3%～3.5% 为适量,大于 4.2% 为过剩。

【补救措施】 秋季多施有机肥。成年树每年需纯氮 90 kg/667 m^2,在该基础上根据具体情况确定用氮量。正常施肥的果园,不易发生缺氮症。如发现缺氮,应及时追施速效氮肥,可用尿素进行叶面喷施,生育前期喷施 200～300 倍尿素溶液,秋季喷施 30～50 倍尿素溶液。其次也可喷硫酸铵和碳酸氢铵等。

缺磷症

【图版 22】

【缺素特征】 桃轻度缺磷时,枝条细而直立,分枝较少,呈紫红色。初期全株叶片呈深绿色,常被误认为施氮过多。严重缺磷时,叶片转青铜色或发展为棕褐色或红褐色。叶片呈棕色时,顶端嫩叶直立生长,叶缘及叶尖向下卷曲,新叶较窄,基部叶片出现绿色和黄绿色相间的斑纹。因磷在植物体内能转移,所以发病先从老叶开始,由老叶向新叶发展,出现早期落叶,叶片稀少。落叶以后,虽能长出一些新叶,若不及时防治仍表现为缺磷。开花展叶时间延迟,花芽瘦弱而且少,坐果率低。果实成熟期推迟,果个小,着色不鲜艳,含糖量低,品质差。桃树生活力下降,生长迟缓,容易感染炭疽病。

【缺素原因】 土壤中缺少磷元素或缺少有效磷、土壤水分少、pH 值过高时,易表现缺磷。土壤施钙肥过多、偏施氮肥,易表现缺磷。

叶片检测分析:7～8 月当年延长枝中部的叶片全磷含量低于 0.09% 为缺乏,0.14%～0.25% 为适量,大于 0.4% 为过剩。

【补救措施】 秋后施基肥时在有机肥中混入过磷酸钙,这样可减少土壤对磷的固定。土壤酸性高引起有效磷不足的,可通过施石灰来增加有效磷含量。对碱性或石灰性土壤,可施用生理酸性肥料或有机肥等,以增加土壤有效磷。桃树出现缺磷症时,可用 1% 过磷酸钙浸出液根外追施。

缺钾症

【图版 23】

【缺素特征】 缺钾桃树新梢细而长,从新梢中部的叶片逐步向基部和顶端发展,老叶受害最明显。初期叶缘枯焦,而叶肉组织仍然生长,表现为主脉皱缩、叶片上卷。最终叶缘附近出现褐色坏死斑,叶片背面多变红色,只是叶片一般不易脱落。花芽减少。果小、色差、味淡,果顶易腐烂。生理落果严重。树势明显衰弱,严重时全树萎蔫,抗逆性下降,容易感染灰霉病。

【缺素原因】 地温偏低、土壤酸性、土壤过湿或有机质含量少,易缺钾。结果过多,氮、钙、镁施用量过多易缺钾。光照不足会阻碍桃树对钾的吸收。

土壤检测分析:土壤交换性钾低于 83 mg/kg 为缺乏。

叶片检测分析:当年延长枝中部叶片全钾含量低于 1% 为缺乏,2%～3% 为适量,大于 4% 为过量。

【补救措施】 桃树根系浅,呼吸强度大,经深翻改土后,可增强土壤透气性。同时,结合深翻,每株秋施充分腐熟的有机肥 40～50 kg。在春季萌动期结合灌水,每株施草木灰 2～3 kg。此后在花期、展叶期和果实膨大期各喷施 1 次 10%～20% 的草木灰浸出液,或 0.3%～0.5% 的磷酸二氢钾溶液,以满足桃树对钾肥的需求。为了复壮树势,对弱枝和后部光秃枝要进行适当回缩修剪,对短枝、过密枝、花束状枝,采取疏截等修剪措施。

缺锰症

【图版 23】

【缺素特征】 桃缺锰时新梢生长矮化直至死亡。新梢上部叶片初期叶缘色浅绿,并逐渐扩展至脉间失绿,呈绿色网纹状;后期仅中脉保持绿色,叶片大部黄化,呈黄白色。缺锰较轻时,叶片一般不萎蔫,严重时,叶片叶脉间出现褐色坏死斑,甚至发生早期落叶。开花少,结果少,果实着色不好,品质差,重者有裂果现象。缺锌和缺锰同时发生,不产生典型症状,缺铁和缺锰的情况也相同。在矫正缺锌或缺铁的过程中,也会出现典型的缺锰症状。缺少锰、锌和铁等复合元素或更多元素的情况不经常发生,在这种情况下单独症状不能作为有效诊断。

【缺素原因】 土壤呈碱性、干旱或偏施磷肥,易出现缺锰症。

土壤检测分析:土壤有效锰含量 100～200 mg/kg 为中等水平,50～100 mg/kg 为低水平,小于 50 mg/kg 为极低水平。

叶片检测分析:叶片锰含量低于 20 mg/kg 为缺乏,60～120 mg/kg 为适量,大于 220 mg/kg 为过量。

【补救措施】 发现桃树缺锰时,可及时进行叶面施肥,喷施0.3%的硫酸锰溶液;也可土施硫酸锰,用量为 15～60 kg/667 m²。

生理性流胶

【图版 23】

【障碍特征】 桃树生理性流胶是桃树上的主要障碍之一,植株流胶过多,会严重削弱树势,重者会引起枯枝、死树。主要为害主干和主枝桠杈处,小枝条和果实也可受害。

主干和主枝受害初期,病部稍肿胀,早春树液开始流动时,日平均气温 15 ℃左右开始发病,5 月下旬至 6 月下旬为第 1 个发病高峰,8～9 月为第 2 个发病高峰,以后随气温下降,逐步减轻直至停止。从病部流出半透明黄色树胶,尤其雨后流胶现象更为严重。流出的树胶与空气接触后,变为红褐色,呈胶冻状,干燥后变为红褐色至茶褐色的坚硬胶块。病部易被腐生菌侵染,使皮层和木质部变褐腐烂,致树势衰弱,叶片变黄、变小,严重时枝干或全株枯死。

果实发病,由果核内分泌黄色胶质,溢出果面,病部硬化,严重时龟裂,不能生长发育,无食用价值。

【障碍原因】 霜害、冻害、病虫害、雹害及机械伤害造成伤口,引起流胶。栽培管理不当,如施肥不当、修剪过重、结果过多、土壤黏重、土壤酸碱度等原因,引起树体生理失调,导致流胶病。

一般 4～10 月雨季,特别是长期干旱后偶降暴雨,流胶严重。树龄大的桃树流胶严重,幼龄树较轻。果树流胶也与虫害有关,椿象为害是果实流胶的主要原因。沙壤土和砾壤土栽培很少发生流胶,黏壤土栽培易发生流胶病。

【补救措施】

(1)农业防治:选择地势较高、排水良好的沙壤土建园,土壤黏重的要深翻加沙改土,增加土壤透气性和有机质含量。冬春枝干涂白,防冻害和日灼。春季对于主干上的萌芽要及时抹除,防止修剪时造成伤口引起流胶。

(2)化学防治:早春萌芽前将流胶部位病组织刮除,伤口涂45％石硫合剂晶体 30 倍液,然后涂 21％过氧乙酸水剂 3～5 倍液保护。及早防治枝干和果实病虫害。

果锈

【图版 24】

【障碍特征】 桃果锈主要表现在生长中后期的果实上。发病初期,果面成片产生黄褐色或铁锈色斑点,后斑点逐渐扩大,形成片状淡黄褐色锈斑;后期,随着果实不断膨大,锈斑表面龟裂,严重时产生裂缝。果锈严重影响果实外观质量。

【障碍原因】 果锈是一种生理性障碍,主要由于用药不当造成,尤其在幼果期用药不当最严重。多雨潮湿及高温干旱均可加重果锈。此外,套袋操作不规范,果袋紧贴幼果果面或袋口封扎不严,果袋被风刮摩擦果面,也会造成果锈。

【补救措施】

(1)科学用药是防止果锈最有效的措施。开展病虫防治时禁止使用高刺激性农药,尽量选用安全农药。杀虫剂尽量选用菊酯类、齐螨素类、吡虫啉类农药,避免使用有机磷类农药等。杀菌剂中可选用代森锰锌、甲基硫菌灵、多菌灵等,避免使用混合态的代森锰锌、含单体硫类农药及有效成分含福美系列的农药。

(2)栽培管理增施有机肥,合理施用氮、磷、钾肥,增强树势,提高树体抗逆能力。合理修剪,使树体通风透光,创造良好的生态环境。

坐果率低

【图版 24】

【障碍特征】 多数桃品种为两性花,自花结实能力强,坐果率高,容易坐果,但也常出现枝叶繁茂,不开花或花而不实,或开花前后坐果率高,以后不断落果的现象。

【障碍原因】 桃坐果率低是一种生理性障碍。桃树花果脱落的原因:①花期低温、阴雨或谢花后长时间阴雨连绵,设施栽培桃树花期灌水量大、湿度过高影响授粉坐果;②桃树枝梢容易旺长,枝叶生长消耗的养分过多,同化产物积累不足,从而影响花芽分化的数量和质量;③生产上留果过多,负载量过大,造成营养生长与生殖生长相互争夺养分,造成桃胚发育停止而落果。

【补救措施】

(1)加强栽培管理,科学施肥,膨果肥应在春梢停止生长后施用。雨季做好排水工作。设施栽培桃树花期避免大水漫灌,空气相对湿度控制在 60% 左右。5～6 月膨果期疏除无用的直立徒长枝。

(2)植物激素调控

① 调节生长平衡:调整桃树营养生长和生殖生长,在桃树新梢长至 30 cm 开始,即 5 月中旬和 6 月下旬,对北方品种和壮旺树,用 500～1 000 mg/L 多效唑喷施,隔 20 d 再喷 1 次,每株用药量不超过 5 L,可有选择性地针对长势较旺的部位喷施,长势中庸部位不喷。南方品种喷施 300～500 mg/L 多效唑,每株用量不超过 3 L。多效唑可用于幼树、旺树,对抑制新梢生长、促花芽分化、控梢坐果、提高坐果率有很好的效果。

② 应用坐果生长素:可采用以下 3 种方法:a.老弱树,在盛花期或连续低温阴雨天气喷施 10～80 mg/L 赤霉素;盛花后 15～20 d,用 1 000 mg/L 赤霉素喷洒,可明显提高坐果率。b.花期用 15～20 mg/L 防落素喷施,生理落果期用 25～40 mg/L 防落素,有显著效果。c.桃树盛花后期,用 20 mg/L 萘乙酸喷施,可明显提高坐果率。

裂果

【图版 24】

【障碍特征】 桃裂果在不同品种上发生程度不同,以晚熟品种较重。桃裂果主要有 3 种类型:横裂、纵裂、三角形裂。纵裂时,沿腹缝线从果顶裂到果实基部果柄处,或两边对裂;横裂是在腹缝线的两边开裂,以上两种开裂一般不影响果实的发育。还有一种横裂,是在果柄与果实相连的地方,一旦开裂,使果柄与果实相连的枝系维管束断裂,果实皱缩,干枯在枝上。

【障碍原因】 桃裂果主要发生在果实第 2 次膨大期,由于水分供应不均匀或后期天气干旱、突然降雨或浇水,果树吸水后果实迅速膨大,果肉膨大快于果皮膨大速度而造成裂果。裂核也会造成裂果。

土壤有机质含量低、土质黏重、通气性差、土壤板结、干旱缺水的果园裂果重。

【补救措施】

（1）水分管理：桃对水分较敏感，在水分均衡的情况下裂果轻，所以桃园一定要重视排灌设施，做到旱时浇、涝时排；保持果园水分的相对稳定，切忌在干旱时浇大水。桃硬核期需水量大，应保持田间水分稳定。

（2）增施有机肥：增施有机肥可以改善土壤物理性能，增强土壤的透水性和保水力，种植绿肥，涵养土壤水分，使土壤供水均匀，减轻裂果。

（3）合理修剪：幼龄树修剪以轻为主，重视夏剪，使树冠通风透光，促进花芽形成。冬剪以轻剪为主，采用长枝修剪。幼龄树重剪会引起营养失调，加重裂果。

（4）合理负载：严格进行疏花疏果，提高叶果比，促进果树光合作用，改善其营养状况，可减少裂果发生。对于坐果率较低的品种，最好不疏花，只疏果，推迟定果时间。对坐果较高的品种，花期先疏掉 1/3 的花，硬核期前分 2 次疏果。过早疏花疏果，会使营养过剩，造成果实快速增长而裂核，因此应适时疏花疏果，合理负载，以减少大果和特大果裂核的发生。

（5）果实套袋：实行套袋栽培是防止裂果的有效措施。

（6）适时采收：有些品种，尤其是油桃品种，成熟度较大时，易发生裂果。枝头附近的果实较大，更易于裂果，要及时采收。

（7）加强病虫害防治：果实受病虫害危害后，会引起裂果，因此要加强病虫害防治。

生理性早期落叶

【图版 24】

【障碍特征】　桃树叶片萎蔫，或未到落叶季节即开始落叶。一

163

般植株中下部叶片先表现症状,最后全株叶片凋落或仅留下枝梢顶端几张叶片。由于落叶早,影响枝梢充实和花芽分化。

【障碍原因】

（1）雨后爆晴：长时间降雨或大雨导致土壤含水量高,含氧量低,尤其在偏施化肥的果园,土壤通透性差,影响根系呼吸和正常生理活动,雨后高温使水分迅速蒸发,此时根系生理功能尚未恢复,叶片也不能适应这种湿热环境,引起落叶。

（2）久旱灌水：长时间干旱,土壤产生裂缝,根系受伤,人工灌水时一次性水量过大造成根系缺氧,影响根系水分吸收,造成地上部分缺水,引起叶片萎蔫甚至落叶。

【补救措施】

（1）增施有机肥：秋施有机肥不仅可以改善土壤通透性,而且提供树体生长所需的各种养分,为翌年开花、结果、展叶打下良好基础。

（2）科学施肥：套袋后,结合喷药,叶面喷施氨基酸、磷酸二氢钾等,以补充树体营养,减轻落叶。膨果肥应在春梢停止生长后施用,避免枝梢徒长。

（3）生草栽培：生草栽培可以培肥地力,调节果园小气候,减少落叶。行间提倡种植绿肥覆盖。秋季结合施基肥深翻 1 次,或在行间开沟,将草翻入土壤中。

药害

【图版 24】

【药害特征】 桃树药害主要表现在叶片上,有时也发生在果实和嫩梢上。

叶片受害,因药剂种类及用药浓度不同而异,杀虫剂或杀菌剂药害多表现为叶缘及叶尖开始发病,从开始变黄色至黄褐色,继续发展成叶缘枯死及枯尖;除草剂药害一般下部叶片容易着药,表现为黄化、枯焦或穿孔,有时与穿孔病症状极为相似,严重时造成落叶。

果实受害,多形成坏死斑、凹陷、畸形,严重时果实脱落。嫩梢受害严重时,造成新梢枯死,叶片脱落。

【药害原因】 药害主要是由于化学药剂使用不当造成,如药剂浓度过高,持续雨天后爆晴用药,除草剂遇风飘逸等。桃树比较敏感,用药不当极易造成药害。树势衰弱,药害较重。

【补救措施】

(1)科学用药:根据桃树自身特点,合理选用农药种类及浓度,尽量避免使用非安全性农药,如有机磷类杀虫剂、铜制剂等。另外,还要尽量避免随意混配农药使用。持续雨天后的晴天适当降低用药浓度。

(2)加强管理:增施有机肥,合理使用速效化肥,增强树势,提高树体抗逆能力。合理修剪,使果园通风透光。雨季注意及时排水,避免造成涝害,降低树势。

(3)病虫防治:做好病虫防控,尤其是根部、树干病虫防治,增强树势。

(4)药害补救:发生药害后,停止使用任何农药;中耕松土,适当追施速效化肥;傍晚叶面喷施 0.1%～0.3% 的磷酸二氢钾,有助于恢复树势。

盐害

【图版 24】

【障碍特征】 桃树盐害表现为生长势弱,很少抽生枝梢,叶片早落,结果少,严重时植株死亡。

【障碍原因】 在盐碱性土壤上,当土液含盐量达 0.20%～0.25% 时,果树根系很难吸收水分和养分,造成生理干旱和营养缺乏。土壤中的盐分主要由碳酸根离子、硫酸根离子、氯离子、钠离子、钾离子、钙离子、镁离子等组成,这些离子达到一定浓度时,即影响果树根系的吸收活动,甚至起毒害作用,直接危害果树的生长发育和结实。

一般盐碱土的 pH 都在 8.0,甚至 10.0 以上,使土壤中各种有效养分含量降低,不仅影响肥效,而且使土壤板结,透性差,直接影响果树的正常生长。盐碱土有机质含量低,耕性差,土性冷凉,透水保肥性低,土壤微生物种类和数量少,土壤养分转化和利用率低。

【补救措施】

(1) 深耕、施有机肥:有机肥含有果树需要的营养物质,还含有机酸。有机酸与碱起中和作用。同时,随有机质含量的提高,土壤的理化状态也会得到改善,促进团粒结构的形成,提高肥力,减少蒸发,防止返碱。实践证明,土壤有机质增加 0.1%,含盐量约降低 0.2%。

(2) 地面覆盖:地面铺沙、盖草或地布,可防止盐碱上升,起到保墒作用。

(3) 种植绿肥:种植耐盐碱的绿肥,除增加有机质、改善土壤理化性质外,绿肥的枝叶覆盖地面,可减少地面蒸发,抑制盐碱上升。如种植抗盐碱的田菁 1 年,在 0~30 cm 的土层,盐分从 0.65% 降至 0.36%。

(4) 化学改良:施用石膏、磷石膏、含硫或含酸的物质(如粗硫酸、硫黄粉等)、腐殖酸类,以及巧施酸性和生理酸性肥料(如过磷酸钙、硫酸铵等),均能改良盐碱。

第十一章 常用农药品种特性介绍

一、杀虫剂

除虫菊素

【毒性】 除虫菊素属低毒杀虫剂。对人、畜安全,分解快,残效期短,无残留,不污染环境,但对鱼有毒。

【作用特点】 除虫菊素是多年生草本植物除虫菊的花经加工制成的植物源农药。其杀虫谱广,击倒力强,残效期短,具有强烈的触杀作用,胃毒作用弱,无熏蒸和传导作用。

【常用剂型】 3%乳油,0.5%粉剂。

【使用方法】

(1)喷雾:防治蚜虫、蟏象、叶蝉等害虫,用3%乳油800～1200倍液喷雾。根据害虫发生情况,隔5～7 d再喷1次。

(2)喷粉:防治蚜虫、叶蝉等害虫,每667 m² 用0.5%粉剂4 kg左右在无风的晴天喷撒。

【注意事项】

(1)不宜与碱性农药混用。

(2)除虫菊素对害虫击倒力强,但常有复苏现象,特别是药剂浓度低时。故应防止浓度太低,降低药效。

(3)药剂应保存在阴凉、通风、干燥处,避免高温、日晒。

苦参碱

【毒性】　苦参碱属低毒杀虫剂。

【作用特点】　苦参碱是由中草药植物苦参的根、茎、果实中提取的一种生物碱。其对害虫具有触杀和胃毒作用。害虫一旦接触，即麻痹神经中枢，继而使虫体蛋白质凝固，堵死虫体气孔，使害虫窒息而死。

【常用剂型】　0.2％、0.3％、0.36％水剂，1.1％粉剂。

【使用方法】

（1）防治蚜虫：在蚜虫发生期施药，用1％醇溶液1 000～1 500倍液喷雾，叶背、叶面均匀喷雾，着重喷叶背。

（2）防治鳞翅目食叶害虫：在幼虫期，用0.36％水剂1 000～1 500倍液喷雾，速效性好。

【注意事项】

（1）不能与碱性物质混用。

（2）贮存在避光、阴凉、通风处。

藜芦碱

【毒性】　藜芦碱属低毒杀虫剂。不污染环境，低残留，药效持续10 d以上，对眼睛有轻度刺激作用。

【作用特点】　藜芦碱是以中药材为原料经乙醇萃取而成的一种植物源杀虫剂，具有触杀和胃毒作用。该药主要杀虫作用机制是经虫体表皮或吸食进入消化系统后，造成局部刺激，引起反射性虫体兴奋，先抑制个体感觉神经末梢，后抑制中枢神经而致害虫死亡。

【常用剂型】　0.5％醇溶液，0.5％可湿性粉剂。

【使用方法】

（1）防治小绿叶蝉：0.5％可湿性粉剂600～800倍液喷雾。

（2）防治果树红蜘蛛：0.5％可湿性粉剂 500～800 倍液喷雾。

【注意事项】

（1）与有机磷、菊酯类农药配合使用，须现配现用。

（2）黄昏前施药效果更好。

（3）蜜源作物花期、蚕区禁用，远离水产养殖区施药。

（4）于阴凉、干燥、通风处贮存。

桉油精

【毒性】　桉油精属低毒杀虫剂。

【作用特点】　桉油精是国内首个取得正规登记的植物精油类广谱杀虫剂。其以触杀为主，对害虫、害螨有较强的杀灭效果。桉油精中所含的 1,8 -桉叶素、蒎烯、香橙烯、枯烯等有效成分能直接抑制昆虫体内的乙酰胆碱酯酶合成，阻碍神经系统传导，干扰虫体水分代谢，导致其死亡。对卵的孵化也有极好的抑制作用，能从根本上控制害虫。

【常用剂型】　5％可溶液剂。

【使用方法】

（1）防治棉褐带卷叶蛾、梨小食心虫：于第 1、2 代卵盛期，用5％可溶液剂 1 000～1 200 倍液均匀喷雾。

（2）防治螨类：在螨类为害初期，用5％可溶液剂 1 000～1 200 倍液均匀喷雾。

（3）防治果树蚜虫、介壳虫：在卵孵化盛期及果树落花后，用5％可溶液剂 1 000～1 200 倍液均匀喷雾。

【注意事项】

（1）不能与碱性农药混配使用。

（2）于阴凉、干燥、通风处，包装密封贮存。

松脂酸钠

【毒性】　松脂酸钠属低毒杀虫剂。无残留,对人、畜、植物安全,对天敌较安全。

【作用特点】　松脂酸钠是一种以天然原料为主体的新型杀虫剂,具有良好的脂溶性、成膜性和乳化性能。对害虫以触杀作用为主,兼有黏着、窒息、腐蚀害虫表皮蜡质层使害虫死亡的作用。对各种果树上的介壳虫有特效;兼治各种螨类、锈壁虱、黑刺粉虱等害虫;对果树流胶病、腐烂病、青霉病等病原菌有极强的抑制作用,特别适用于柑橘、梨、桃、杏、枣、樱桃等果树冬、春两季的清园管理,是取代传统石硫合剂的理想清园药剂。对人、畜、果树和天敌安全,无残留。

【常用剂型】　30%乳剂。

【使用方法】　防治果树蚜虫:在蚜虫发生初期,用 30%乳剂 180～360 倍液均匀喷雾。

【注意事项】

（1）本药剂为碱性农药,不能与遇碱分解的农药混用。

（2）使用时应先摇匀,再稀释配制。

（3）于阴凉、干燥处贮存。

苏云金杆菌

【毒性】　苏云金杆菌(Bt)属低毒杀虫剂。对人、畜、禽、蜜蜂无毒。

【作用特点】　苏云金杆菌是一种细菌杀虫剂,是由昆虫病原细菌苏云金杆菌的发酵产物加工的制剂。其对害虫具有胃毒作用,是一种广谱杀虫剂,可用于防治直翅目、鞘翅目、双翅目、膜翅目等害虫。苏云金杆菌进入昆虫消化道后,可产生内毒素(伴孢晶体)和外毒素（α、β和γ外毒素）两类毒素。伴孢晶体是主要的毒素，被昆虫碱性肠液破坏成较小单位的δ-内毒素，使中肠停止蠕动、瘫痪，中肠上皮细胞解离，停食，芽孢则在中肠中萌发，经被破坏的肠壁进入血腔，大量繁殖，使害虫患败血症而死。外毒素作用缓慢，在蜕皮和变态时作用明显。这两个时期是 RNA 合成的高峰，外毒素能抑制依赖于 DNA 和 RNA 的聚合酶。苏云金杆菌的速效性较差，对人、畜安全，对果树无药害，不伤蜜蜂，但对蚕有毒。

【常用剂型】 100 亿、150 亿活芽孢/g 可湿性粉剂，100 亿活芽孢/g 悬浮剂。

【使用方法】 防治梨小食心虫：在成虫产卵和幼虫蛀果前，喷100 亿活芽孢/g 悬浮剂 500～1 000 倍液，另加菊酯类农药，效果较好。

【注意事项】

（1）速效性较差，应较化学农药提前 2～3 d，即在卵孵盛期为最佳施药期。施药时温度高于 30 ℃效果更好。

（2）不能与内吸性有机磷杀虫剂或杀菌剂混合使用。

（3）对蚕毒力很强，养蚕区与施药区要保持一定距离。

（4）制剂应保存在 25 ℃以下的干燥、阴凉处，防止暴晒和潮湿，以免变质。

棉褐带卷蛾颗粒体病毒

【毒性】 对哺乳动物和人无致敏或毒性。

【作用特点】 棉褐带卷蛾颗粒体病毒是一种病毒杀虫剂。病毒被幼虫吞咽后进入中肠，释放出包有衣壳蛋白的病毒粒子，侵染中肠上皮细胞，在细胞核中脱衣壳并增殖，幼虫死亡后以包埋体的形式被释放出来。杀虫效果较慢，需 3～10 d。

【常用剂型】 悬浮剂。

【使用方法】 防治棉褐带卷叶蛾：在产卵后不久，每公顷用 10

万亿个包涵体均匀喷雾。

【注意事项】

（1）不能与强氧化剂混用,可与不含铜的杀菌剂和杀虫剂混用。

（2）在高 pH 和紫外线下不稳定。

（3）室温下可贮存 4 周,2 ℃下密闭容器中可长期贮存。

斜纹夜蛾核型多角体病毒

【毒性】 斜纹夜蛾核型多角体病毒属低毒杀虫剂。只对靶标害虫有毒杀作用,不影响其他有益昆虫如蜜蜂和天敌,对人、畜安全,不污染环境,对作物安全。

【作用特点】 斜纹夜蛾核型多角体病毒是一种活体病毒杀虫剂,由活虫感染该病毒致病后加工制成,具有通常病毒杀虫剂杀虫机制。害虫通过取食感染病毒而死亡。

【常用剂型】 10 亿/g 可湿性粉剂,3％悬浮剂。

【使用方法】 防治斜纹夜蛾:低龄幼虫期,用 10 亿/g 可湿性粉剂 900～1500 倍液均匀喷雾。

【注意事项】

（1）施药应选择阴天或晴天早晨或下午 4 时后喷雾最佳,避免高温和强光下施药。

（2）喷药当天遇雨应补喷。

（3）不能与化学杀菌剂混用。

（4）蚕区禁止使用。

（5）于干燥、阴凉、通风处贮存。

阿维菌素

【毒性】 阿维菌素对人、畜高毒,但制剂为低毒。对蜜蜂直接接触有毒,但由于在叶面迅速消散,药后几小时对蜜蜂基本无毒。

【作用特点】 阿维菌素是由链霉菌产生的新型大环内酯类杀虫抗生素,具有高效、广谱的杀虫、杀螨、杀线虫活性,其杀虫特点表现为:

(1)高效、广谱:一次施药可以防治鳞翅目害虫、钻蛀性害虫及叶螨等多种害虫。

(2)药效慢、持效期长:对害虫以胃毒作用为主,兼具触杀作用。昆虫幼虫和螨类成虫、若虫与药剂接触后即出现麻痹症状,停止活动和取食,2~4 d后死亡,作用相对较慢;但阿维菌素有很强的渗透性,能渗入植物体内的药剂存留时间较长,因而持效期较长。

(3)对多数天敌安全:由于药剂容易渗透进入植物体内,在植物表面遗留较少,因而对天敌损伤较小。

(4)阿维菌素是一种细菌代谢分泌物,在环境中易降解。

(5)阿维菌素主要作用于 γ-氨基丁酸 A 型受体,抑制 γ-氨基丁酸活化的氯离子流,与有机磷、氨基甲酸酯和拟除虫菊酯类杀虫剂的作用机制不同,因此与上述杀虫剂无交互抗性。

【常用剂型】 0.9%、1.8%、2%乳油等。

【使用方法】

(1)防治二斑叶螨:0.2%乳油 2 500 倍液均匀喷雾。

(2)防治梨小食心虫、桃柱螟等食心虫类:幼虫孵化初期,用1.8%乳油 3 000~4 000 倍液喷雾。

【注意事项】

(1)不能与碱性农药混用。

(2)无内吸作用,喷雾时要均匀周到。

(3)温度低时效果差,应在温度高时使用。

(4)对鱼、虾、蜜蜂毒性高,使用时应注意。

甲氨基阿维菌素苯甲酸盐

【毒性】 原药为中等毒性,制剂为低毒。

【作用特点】 甲氨基阿维菌素苯甲酸盐是从发酵产品阿维菌素 B_1 合成的一种新型半人工合成的高效杀虫剂,属大环内酯双糖化合物。其主要作用方式为胃毒,兼具触杀作用。与母体阿维菌素相比,毒性降低,但更加高效、广谱。害虫在几小时内就会麻痹、拒食,并慢慢死亡。

【常用剂型】 0.2％高渗微乳剂,1％乳油,0.2％高渗乳油,0.2％高渗可溶性粉剂。

【使用方法】

(1) 防治梨小食心虫:1％乳油 1 500～2 000 倍液均匀喷雾,药后 1～7 d 防效为 90％左右。

(2) 防治毒蛾、刺蛾:1％乳油 1 500 倍液均匀喷雾。

(3) 防治潜叶蛾:0.2％高渗乳油 1 000 倍液喷雾。

【注意事项】

(1) 对鱼类、水生生物敏感,对蜜蜂高毒,使用时避开蜜蜂采蜜期,不能在池塘、河流等附近用药。

(2) 与不同类别和不同作用机制的杀虫剂轮换使用,延缓害虫抗性。

(3) 禁止与百菌清、代森锌混用。

氟铃脲

【毒性】 氟铃脲属微毒杀虫剂。对皮肤、眼睛无刺激,对蜜蜂低毒,但对家蚕、鱼毒性较高。

【作用特点】 氟铃脲属昆虫几丁质合成抑制剂,对卷叶蛾、刺蛾、桃蛀螟等鳞翅目害虫防效较好,但对螨类无效。主要作用方式为胃毒,兼具触杀作用,无内吸作用。效果比其他苯甲酰脲类杀虫剂迅速,击倒力强,并具有较高的接触杀卵活性。

【常用剂型】 5％乳油。

【使用方法】

（1）防治桃潜叶蛾、卷叶蛾、刺蛾、桃蛀螟等害虫：在卵孵化盛期或低龄幼虫期，用5％乳油1000～2000倍液喷洒，药效维持20 d以上。

（2）防治梨小食心虫：在卵孵化盛期或低龄幼虫期，用5％乳油1000倍液喷洒。

【注意事项】

（1）对几丁质合成抑制剂产生抗性的地区应注意与其他无交互抗性的杀虫剂轮换使用。

（2）对食叶害虫，宜在幼虫低龄期施药；对钻蛀性害虫，宜在卵孵化盛期施药。

（3）本药剂无内吸性和渗透性，喷药要均匀周到。

杀铃脲

【毒性】　杀铃脲属微毒杀虫剂。对人、畜近于无毒。

【作用特点】　杀铃脲属苯基甲酰基脲类杀虫剂，抑制昆虫几丁质合成酶形成，干扰几丁质在表皮的沉积，导致昆虫不能正常蜕皮而死亡。主要作用方式为胃毒，兼有一定触杀作用，但无内吸作用，有较好的杀卵作用。对鳞翅目害虫特效，对双翅目、鞘翅目也有效。杀虫活性高于灭幼脲。

【常用剂型】　20％悬浮剂，1.5％乳油，25％可湿性粉剂。

【使用方法】

（1）防治桃潜叶蛾：当发现桃叶有潜叶蛾为害时，及时检查幼虫发育进度，当80％的幼虫进入化蛹期后，间隔1周喷药，可用20％悬浮剂8000倍液喷雾防治。

（2）防治毒蛾、卷叶蛾、梨小食心虫：20％悬浮剂2000～3000倍液喷雾。

【注意事项】

（1）本品贮存时产生沉淀，摇匀后使用，不影响药效。

（2）不能与碱性农药混用。

（3）与菊酯类杀虫剂按 2∶1 混合使用,效果更快。

（4）对虾、蟹幼体有害,对成体无害。

灭幼脲

【毒性】 灭幼脲属低毒杀虫剂。对有益生物安全。

【作用特点】 灭幼脲属苯基甲酰基脲类杀虫剂。其主要作用方式为胃毒,兼具触杀作用,残效期达 15～20 d,耐雨水冲刷,在田间降解速度慢。

【常用剂型】 25％悬浮剂。

【使用方法】

（1）防治梨小食心虫、桃柱螟:在幼虫孵化初期,用 25％悬浮剂 600～800 倍液喷雾。

（2）防治毒蛾、刺蛾、斜纹夜蛾等食叶性害虫:在低龄幼虫期,用 25％悬浮剂 1 500～2 000 倍液喷雾,效果很好。

（3）防治卷叶蛾:在 1～2 龄幼虫期,用 25％悬浮剂 1 000 倍液喷雾;或 25％悬浮剂 2 000 倍液加 20％氰戊菊酯乳油 2 000 倍液喷雾,效果很好。

（4）防治桃潜叶蛾:当发现桃叶有潜叶蛾为害时,及时检查幼虫发育进度,当 80％的幼虫进入化蛹期后,间隔 1 周喷药,可用 25％悬浮剂 2 000 倍液喷雾防治。

【注意事项】

（1）本药剂有沉淀现象,使用时需摇匀后再加水稀释。

（2）药效较慢,施药后 3～4 d 才见效果,因此需在害虫发生早期使用。

（3）不能与碱性物质混合使用,需贮存在阴凉处。

氯虫苯甲酰胺

【毒性】 氯虫苯甲酰胺属微毒杀虫剂。对哺乳动物低毒,对施药人员很安全,对鸟和蜜蜂低毒,对鱼中毒,对家蚕剧毒。

【作用特点】 氯虫苯甲酰胺是第一个具有新型邻酰胺基苯甲酰胺类化学结构的广谱杀虫剂。其主要作用方式为胃毒,兼具触杀作用,是一种高效广谱的鳞翅目、甲虫和粉虱杀虫剂,在低剂量下就有可靠和稳定的防效。持效期长,耐雨水冲刷,在作物生长的任何时期提供即刻和长久的保护,是害虫抗性治理、轮换使用的最佳药剂。持效期达 15 d 以上,对农产品无残留影响,同其他农药混合性能好。

【常用剂型】 5%、18.5%、20%、200 g/L 悬浮剂,35%水分散粒剂,0.4%颗粒剂。

【使用方法】 防治梨小食心虫:幼虫发生初期,用 35%水分散粒剂 7 000~10 000 倍液喷雾防治。

【注意事项】

(1)禁止在蚕室及桑园附近使用,禁止在河塘等水域中清洗施药器具,蜜源作物花期禁用。

(2)高温季节,应选择早上 10 时以前、下午 4 时以后用药,有利于提高防治效果。

(3)为避免该农药抗药性的产生,每季作物或一种害虫宜使用 2~3 次,每次间隔 15 d 以上。

氟苯虫酰胺

【毒性】 氟苯虫酰胺属低毒杀虫剂。对蚕高毒,对高等生物、害虫天敌、田间有益生物安全。

【作用特点】 氟苯虫酰胺是一种新型邻苯二甲酰胺类高效低

毒杀虫剂,属鱼尼丁受体激活剂,以胃毒作用为主,兼有触杀作用,药剂渗透植物体后通过木质部略有传导,耐雨水冲刷。其杀虫机制主要是通过激活依赖兰尼碱受体的细胞内钙释放通道,使细胞内钙离子呈失控性释放,导致害虫身体逐渐萎缩、活动放缓、不能取食、最终饥饿而死。该药作用速度快、持效期长,对鳞翅目害虫的幼虫具有非常突出的防效,但没有杀卵作用,与常规杀虫剂无交互抗性,适用于抗性害虫的综合治理。

【常用剂型】 20%水分散粒剂,20%、10%悬浮剂。

【使用方法】 防治桃潜叶蛾:在叶片上初显虫道时开始,用20%水分散粒剂3 000～4 000倍液喷雾,1个月左右喷1次(即为每代1次),连喷3～5次。

【注意事项】

(1) 不能与碱性药剂混用。

(2) 连续喷药时,注意与其他不同类型药剂交替使用,以延缓害虫耐药性的产生。

(3) 本剂对家蚕高毒,蚕区禁止使用。

氟啶虫胺腈

【毒性】 氟啶虫胺腈属低毒杀虫剂。对蜜蜂和家蚕有毒。对鸟类、家禽、鱼类、无脊椎动物和水生植物安全。试验条件下无生殖毒性,无致突变、致畸、致癌作用,无神经毒作用。土壤中可被微生物迅速分解,无残留,不会污染地下水及地表水,在空气中浓度非常低,且不会在动物脂肪组织内累积。

【作用特点】 氟啶虫胺腈是一种磺酰亚胺类新型高效低毒杀虫剂,具有内吸传导性,可经叶、茎、根吸收而进入植物体内,高效、快速、持效期长、残留低,能有效防控对烟碱类、菊酯类、有机磷类和氨基甲酸酯类农药产生抗性的介壳虫、蚜虫、盲蝽象、粉虱等刺吸式口器类害虫。具有全新独特的作用机制,其杀虫机制是作用于昆虫的神经系统,通过作用于烟碱类乙酰胆碱受体内独特的结合位点而发挥杀虫功能。

【常用剂型】　22％悬浮剂,50％水分散粒剂。

【使用方法】　防治桃蚜、桃粉蚜:桃树发芽后开花前或落花后,落花后 15～20 d,用 22％悬浮剂 4 000～6 000 倍液各喷雾 1 次。

【注意事项】

(1) 不能与碱性药剂及肥料混用。

(2) 连续喷药时,注意与不同类型药剂交替使用,以延缓害虫产生耐药性。

(3) 本剂对蜜蜂、家蚕有毒,施药时应避免影响周围蜂群,并禁止在开花植物花期、蚕区附近使用,且天敌放飞区域禁用。

虫酰肼

【毒性】　虫酰肼属低毒杀虫剂。对人眼睛和皮肤无刺激性,对高等动物无致畸、致癌、致突变作用,对哺乳动物、鸟类、天敌均十分安全,但对鱼类和无脊椎动物有毒,对蚕高毒。

【作用特点】　虫酰肼是非甾族新型昆虫生长调节剂,是一种促蜕皮化合物,通过与蜕皮激素受体蛋白紧密结合起作用,选择性控制鳞翅目幼虫。其主要作用方式是模拟天然昆虫蜕皮激素 20 - 羟基蜕皮激素,导致幼虫过早蜕皮而致命。杀虫活性高,选择性强,对所有鳞翅目幼虫均有效,并有极强的杀卵活性。

【常用剂型】　24％、20％悬浮剂。

【使用方法】

(1) 防治卷叶蛾:20％悬浮剂 1 000～1 200 倍液喷雾。

(2) 防治梨小食心虫:20％悬浮剂 1 500～2 500 倍液喷雾。

【注意事项】　蚕区禁止使用此药,同时应注意避免水栖生物的河源和池塘。

甲氧虫酰肼

【毒性】　甲氧虫酰肼属低毒杀虫剂。

【作用特点】　甲氧虫酰肼是第二代双酰肼类昆虫生长调节剂，对鳞翅目害虫具有高度选择杀虫活性，没有渗透作用和内吸性。其主要通过胃毒作用致效，同时也具有一定的触杀及杀卵活性。甲氧虫酰肼通过模拟鳞翅目幼虫蜕皮激素功能，促使提前蜕皮、早熟，发育不完全，导致幼虫死亡。

【常用剂型】　24％悬浮剂。

【使用方法】

（1）防治卷叶蛾：24％悬浮剂 2 500～3 000 倍液喷雾。

（2）防治梨小食心虫：成虫产卵前或幼虫蛀果前，用 24％悬浮剂 2 000～2 500 倍液喷雾，10～18 d 后再喷 1 次。

【注意事项】　施药应掌握在卵孵盛期。

烯啶虫胺

【毒性】　烯啶虫胺属低毒杀虫剂。

【作用特点】　烯啶虫胺属烟酰亚胺类杀虫剂，具有很强的内吸和渗透作用，高效，持效期长。其主要作用于昆虫神经系统。杀虫谱广，用于防治白粉虱、蚜虫、梨木虱、叶蝉、蓟马等刺吸式口器害虫。

【常用剂型】　10％水剂，50％可溶粒剂。

【使用方法】　防治蚜虫、叶蝉等同翅目害虫：10％水剂 2 000～4 000 倍液喷雾。

【注意事项】

（1）不能与碱性物质混用。

（2）与有机磷、氨基甲酸酯和沙蚕毒素类农药混配后有增效作用。

（3）既可用于茎叶喷雾处理，也可进行土壤处理。

（4）本药剂对蜜蜂、鱼类、水生生物、家蚕有毒，用药时远离。

吡蚜酮

【毒性】　吡蚜酮属低毒杀虫剂。对七星瓢虫、草蛉、蜘蛛等天敌安全。

【作用特点】　吡蚜酮是一种吡啶三嗪酮类低毒专性杀虫剂，专用于防治刺吸式口器害虫，具有触杀作用和内吸活性，在植物体内既能于木质部输导，也能于韧皮部输导，具有良好的输导特性，茎叶喷雾后新长出的枝叶也能得到有效保护。该药对刺吸式口器害虫表现出优异的防控效果，并有良好的阻断昆虫传毒功能，防效高，选择性强，对环境及生态安全。

【常用剂型】　25％悬浮剂，25％、30％、40％、50％、70％可湿性粉剂，50％、60％、70％、75％水分散粒剂。

【使用方法】　防治桃蚜：用25％悬浮剂2 000～2 500倍液，在桃芽露红期喷药1次，然后从桃树落花后开始连续喷药，10～15 d喷1次，连喷2～3次。

【注意事项】

（1）不能与碱性药剂及强酸性药剂混用。

（2）喷药应及时、均匀、周到，尤其要喷洒到害虫为害部位。

（3）连续喷药时，注意与不同类型药剂交替使用，或与不同类型药剂混合使用，以延缓害虫产生耐药性，并提高对害虫的杀灭效果。

（4）用药时注意安全防护，避免药液溅及皮肤或眼睛。

啶虫脒

【毒性】　啶虫脒属中等毒杀虫剂。无致突变作用。

【作用特点】　啶虫脒属氯化烟碱类化合物。其主要作用方式为胃毒和触杀作用，兼具渗透作用。药效快，残效期长达 20 d。该药的作用机制是通过与乙酰胆碱受体结合，抑制乙酰胆碱受体活性，而干扰昆虫神经传导作用。

【常用剂型】　3％乳油。

【使用方法】　防治桃蚜：3％乳油 1 500～2 500 倍液喷雾防治。

【注意事项】

(1) 本品对蚕有毒，蚕区及附近禁用。

(2) 不能与强碱性物质混用。

(3) 本品对人、畜低毒，但若误食，立即到医院洗胃。

噻虫嗪

【毒性】　噻虫嗪属低毒杀虫剂。

【作用特点】　噻虫嗪是一种全新结构的第二代烟碱类高效低毒杀虫剂。其作用方式为胃毒、触杀及内吸作用，可用于叶面喷雾及土壤灌根处理。有较低的分子量和水分配系数，易溶于水，施药后迅速被内吸，并向顶传导。在植物体内降解缓慢，持效期长达 1 个月。其作用机制是模仿乙酰胆碱，刺激受体蛋白，但本身不会被乙酰胆碱酯酶降解，使昆虫一直处于高度兴奋状态，直至死亡。该药用量少，杀虫谱广，毒性低，持效期长，对环境安全，能有效防治刺吸式口器和咀嚼式口器害虫。

【常用剂型】　25％水分散粒剂，25％悬浮剂，70％干种衣剂。

【使用方法】　防治蚜虫：25％水分散粒剂 5 000～10 000 倍液喷雾防治。

【注意事项】

(1) 施药后 2～3 d，害虫出现死亡高峰。

(2) 作用机制与现有杀虫剂不同，不存在交互抗性问题，对抗性蚜虫效果特别好。

(3) 使用剂量较低,不要盲目加大用药量。

螺虫乙酯

【毒性】　螺虫乙酯属低毒杀虫剂。

【作用特点】　螺虫乙酯属特窗酸类新型内吸性广谱低毒杀虫剂,以内吸胃毒作用为主,触杀效果较差,作用速度慢,但持效期长。其杀虫机制是通过抑制害虫体内脂肪合成过程中乙酰辅酶 A 羧化酶的活性,进而抑制脂肪的合成,阻断害虫正常的能量代谢,导致害虫死亡。害虫幼虫取食药剂后不能正常蜕皮,2~5 d 死亡;同时还能降低雌成虫的繁殖能力和幼虫存活率,进而压低害虫种群数量。螺虫乙酯能在木质部和韧皮部内双向内吸传导。螺虫乙酯可与吡虫啉、啶虫脒、吡蚜酮、噻虫嗪、噻虫啉、阿维菌素、氟啶虫酰胺、联苯肼酯等杀虫剂混配,生产复合杀虫剂。

【常用剂型】　22.4%悬浮剂。

【使用方法】　防治桃蚜:若虫发生初期或低龄若虫期,用22.4%悬浮剂 3 000~4 000 倍液均匀喷雾。

【注意事项】

(1) 不能与碱性农药混用。

(2) 与不同类型药剂交替使用,以延缓害虫抗药性。

溴虫腈

【毒性】　溴虫腈属低毒杀虫剂。

【作用特点】　溴虫腈属芳基取代吡咯类杀虫、杀螨、杀线虫剂,具有胃毒、触杀作用。进入昆虫体内,在多功能氧化酶的作用下转变为具有杀虫活性的化合物,作用于昆虫体内细胞的线粒体上,抑制二磷酸腺苷向三磷酸腺苷的转化。对各种钻蛀性、刺吸式、咀嚼式害虫和螨都有效。

【常用剂型】 10％悬浮剂。

【使用方法】

（1）防治桃潜叶蛾、卷叶蛾、毒蛾、蚜虫、介壳虫、叶蝉、金龟子、天牛、梨网蝽、螨类：10％悬浮剂 2 000～4 000 倍液喷雾防治。

（2）防治梨小食心虫：幼虫初孵期，用 10％悬浮剂 2 000～4 000 倍液喷雾防治。

【注意事项】

（1）本品具有长持效控制害虫种群的特点，在卵孵盛期或在低龄幼虫发育初期使用药效最佳。

（2）施药时要均匀地将药液喷到叶面害虫取食部位或虫体上。

（3）不宜与其他杀虫剂混用，提倡与其他不同作用机制的杀虫剂交替使用。

（4）傍晚施药更有利于药效发挥。

（5）对鱼有毒，鱼塘和水源附近注意安全。

（6）无特殊解毒剂；药剂接触皮肤或眼睛，立即用肥皂和大量清水冲洗，或去医院治疗。

溴氰菊酯

【毒性】 溴氰菊酯属中等毒杀虫剂。对鱼类和蜜蜂高毒，对鸟类低毒。

【作用特点】 溴氰菊酯属拟除虫菊酯类杀虫剂。其杀虫活性高，以触杀和胃毒作用为主，兼具驱避和拒食作用，无内吸和熏蒸作用。该药的作用部位在昆虫神经系统，使昆虫过度兴奋、麻痹而死。该药的杀虫谱广、击倒速度快，对鳞翅目、直翅目、缨翅目、半翅目、双翅目、鞘翅目等多种害虫有效，但对螨类、介壳虫、蜻象等防效很低或基本无效，还会刺激螨类繁殖，在虫螨并发时，要与专用杀螨剂混用。

【常用剂型】 2.5%乳油,2.5%可湿性粉剂。

【使用方法】

(1)防治梨小食心虫:卵孵盛期幼虫蛀果前,及卵果率达1%时,用2.5%乳油3000~3500倍液喷雾防治。

(2)防治棉褐带卷叶蛾:幼虫孵化初期,用2.5%乳油2000~3000倍液喷雾防治。

【注意事项】

(1)喷雾要均匀周到,防治钻蛀性害虫应掌握在幼虫蛀入前施药。

(2)禁止在鱼塘、河流、养蜂场、桑园及附近使用,以免对蚕、蜂和水生生物等产生毒害。

(3)不能与碱性物质混用。

(4)本品对螨类药效差,在虫、螨并发时,要配合专用杀螨剂。

(5)误服本品中毒,立即到医院治疗。

氰戊菊酯

【毒性】 氰戊菊酯属中等毒杀虫剂。对蜜蜂、鱼虾、家禽等毒性高,对鸟类毒性不大。

【作用特点】 氰戊菊酯属拟除虫菊酯类杀虫剂。其杀虫谱广,对天敌无选择性。具触杀和胃毒作用,无内吸传导和熏蒸作用。对鳞翅目效果好,对同翅目、直翅目、半翅目害虫也有效,对螨类无效。

【常用剂型】 20%乳油。

【使用方法】

(1)防治棉褐带卷叶蛾:卷叶初期,用20%乳油5000倍液加25%灭幼脲悬浮剂2000倍液喷雾防治。

(2)防治梨小食心虫:卵孵盛期、卵果率1%时,用20%乳油2000~4000倍液喷雾防治,有一定杀卵作用,残效期约10 d,可兼治蚜虫。

(3)防治桃柱螟:20%乳油2500倍液喷雾防治。

【注意事项】

（1）不能与碱性物质混用。

（2）对蜜蜂、鱼虾、家蚕等毒性高，使用时注意不要污染河流、池塘、桑园、养蜂场所。

（3）对螨无效，对天敌毒性高，因此在害虫、害螨并发时使用此药，易造成害螨猖獗，所以要配合杀螨剂。

（4）在使用过程中如药液溅到皮肤上，应立即用肥皂清洗，如药溅到眼中，应立即用大量清水冲洗。如误食，及时就医。

氟氯氰菊酯

【毒性】　氟氯氰菊酯属低毒杀虫剂。对兔皮肤无刺激，但对眼睛有轻微刺激，对哺乳动物毒性低，未发现致突变、致畸、致癌作用。对果树安全。

【作用特点】　氟氯氰菊酯属杀虫活性较高的拟除虫菊酯类杀虫剂。其作用机制及一般使用特性同其他菊酯类农药，对多种鳞翅目幼虫有良好效果，也可有效防治某些地下害虫。对害虫以触杀、胃毒作用为主，无内吸和熏蒸作用。杀虫谱广，作用迅速，持效期长。

【常用剂型】　5.7%乳油。

【使用方法】

（1）防治梨小食心虫：于初孵幼虫蛀果前，卵果率达1%时，选用5.7%乳油2 000～3 000倍液均匀喷雾。

（2）防治桃蚜：桃树开花后至初夏，桃蚜盛发期用5.7%乳油2 000～3 000倍液均匀喷雾。根据虫情喷1～2次。

（3）防治刺蛾、灯蛾等：幼虫发生初期，用5.7%乳油3 000～4 000倍液均匀喷雾。

【注意事项】

（1）不能与碱性物质混用。

（2）避免药剂或容器污染水体。

高效氯氟氰菊酯

【毒性】 高效氯氟氰菊酯属低毒杀虫剂。

【作用特点】 高效氯氟氰菊酯属拟除虫菊酯类杀虫剂,以触杀和胃毒作用为主,兼具驱避作用,无内吸和渗透作用。杀虫谱广,活性高,药效迅速,喷洒后耐雨水冲刷,但长期使用易产生抗性,对刺吸式口器的害虫及害螨有一定防效。在螨类发生初期,具有兼治杀螨效果。

【常用剂型】 2.5%乳油,2.5%水乳剂,2.5%微胶囊剂。

【使用方法】

(1) 防治潜叶蛾、棉褐带卷叶蛾、蚜虫:在害虫盛发期,用2.5%乳油3 000～4 000倍液喷雾防治。

(2) 防治梨小食心虫:初孵幼虫蛀果前,用2.5%乳油3 000倍液喷雾防治,兼治蚜虫。

【注意事项】

(1) 不能与碱性物质混用。

(2) 对鱼、蚕、蜜蜂高毒,使用时注意。

二、杀螨剂

浏阳霉素

【毒性】 浏阳霉素属低毒杀螨剂。无致畸、致癌、致突变作用,无残留,对天敌安全,对环境无污染。

【作用特点】 浏阳霉素属大环内酯抗生素,为灰色链霉素浏阳变种。对害螨有良好的触杀作用,对螨卵也有抑制作用,用于防治瘿螨、锈螨等各种害螨。

【常用剂型】 10%乳油。

【使用方法】 防治二斑叶螨:10％乳油 1 000～2 000 倍液喷雾,可有效控制危害,持效期达 20 d。

【注意事项】

(1) 本品为触杀性杀螨剂,随配随用,喷雾时力求均匀周到。

(2) 本品对眼睛有轻微刺激,施药时注意眼睛防护。药液溅入眼内,及时用清水冲洗,一般 24 h 恢复正常。

(3) 本品对鱼有毒,避免污染鱼塘、水源。

四螨嗪

【毒性】 四螨嗪属低毒杀螨剂。

【作用特点】 四螨嗪属有机氮杂环杀螨剂,具触杀作用,无内吸作用。作用较慢,一般 1～2 周见效,但持效期长达 50～60 d。对幼螨、若螨和卵有效,对成螨无效。

【常用剂型】 20％、50％悬浮剂,10％可湿性粉剂。

【使用方法】 防治山楂叶螨、二斑叶螨:越冬代成螨产卵高峰期,用 20％悬浮剂 2 000 倍液喷雾防治。

【注意事项】

(1) 喷药时树冠内外均匀周到。

(2) 本品可与大多数杀虫剂、杀螨剂和杀菌剂混用,但不提倡与石硫合剂和波尔多液混用。

(3) 气温较低时(15 ℃左右)施用效果好,且持效期长。

(4) 因与噻螨酮有交互抗性,不宜与噻螨酮交替施用。

嘧螨酯

【毒性】 嘧螨酯属低毒杀螨剂。对皮肤和眼睛有轻微刺激,对鸟类、蜜蜂和家蚕有毒,对鱼类高毒。

【作用特点】　嘧螨酯是第一个甲氧基丙烯酸酯类杀螨剂,具有很好的触杀和胃毒作用。对害螨的各个虫态,包括卵、若螨、成螨均有效,且速效性好,持效期长达 30 d 以上,是目前最高效的杀螨剂之一。该药与溴虫腈复配可以增强杀卵活性。由于它是甲氧基丙烯酸酯类杀菌剂类似物,除对害螨有效外,在 250 mg/L 浓度下对某些病害也有较好的活性。

【常用剂型】　30%悬浮剂。

【使用方法】　防治叶螨:于螨类发生初期,用 30%悬浮剂4 000~5 000 倍液喷雾防治。

【注意事项】

(1) 不能与碱性农药混用。

(2) 应与其他杀螨剂交替使用,避免产生抗药性。

(3) 施药时要有防护措施,戴好口罩。

(4) 对鱼高毒,应避免污染水源和池塘;对蚕有毒,桑叶喷药后40 d 还有明显毒杀蚕作用,因此蚕区附近禁用;对蜜蜂有毒,不建议在开花期使用。

(5) 安全间隔期 15 d。

螺螨酯

【毒性】　螺螨酯属低毒杀螨剂。对人、畜和果树安全。

【作用特点】　螺螨酯是一种高效非内吸性杀螨剂,也是一种昆虫生长调节剂,对害螨各个虫态均有触杀作用。螺螨酯的有效成分是季酮螨酯,作用机制是抑制害螨体内的脂肪合成,干扰害螨的能量代谢活动而杀死害螨。该药与现有杀螨剂之间无交互抗性,适用于防治对现有杀螨剂产生抗性的有害螨类。其杀卵效果最佳,对幼螨、若螨也有很好的触杀作用,虽不能较快杀死雌成螨,但接触药液的雌成螨所产的卵不能孵化。耐雨水冲刷,药后 2 h 后遇雨不影响药效,持效期 40 d 以上。

【常用剂型】 24%悬浮剂。

【使用方法】 防治叶螨：卵期至孵化期，用 24%悬浮剂 5 000～6 000 倍液喷雾防治，兼治叶蝉。

【注意事项】

（1）害螨成虫数量大时，与阿维菌素等速效性好、残效短的杀螨剂混合使用，既能快速杀死成螨，又能长时间控制害螨虫口数量的恢复。

（2）本品主要作用方式为触杀和胃毒，无内吸性，因此喷药要全株均匀喷雾，特别是叶背。

（3）避免在果树开花时用药。

（4）不能与强碱性农药和铜制剂混用；每季最多使用 2 次，避免产生抗性。

联苯肼酯

【毒性】 联苯肼酯属低毒杀螨剂。对鱼、蜜蜂、捕食性螨影响极小，对作物安全，对水生生物高毒。

【作用特点】 联苯肼酯是一种新型选择性肼酯类杀螨剂，以触杀为主，无内吸性，具有杀卵活性和对成螨的击倒作用。其作用机制是对螨类中枢神经传导系统的氨基丁酸受体的独特作用。该药对害螨的各生长发育阶段均有效，害螨接触药剂后很快停止取食、运动和产卵，48～72 h 死亡，持效期 14 d 左右。

【常用剂型】 24%、43%悬浮剂。

【使用方法】 防治叶螨：开花前或落花后（害螨发生危害初期），或螨卵孵化盛期至若螨及幼螨盛发初期，或树体内膛叶片上螨量开始较快增多时，用 24%悬浮剂 1 000～1 500 倍液，或 43%悬浮剂 2 000～2 500 倍液均匀喷雾。

【注意事项】

（1）每季果树最多使用 2 次，避免随意加大用药量。连续用药时,注意与不同作用机制的杀螨剂交替使用,延缓抗药性。

（2）不能与碱性农药混用。

（3）本剂没有内吸性,喷药务必均匀周到。

（4）果树开花期禁止使用,蚕区禁止使用,严禁污染河流。

腈吡螨酯

【毒性】　腈吡螨酯属微毒杀螨剂。对鸟类、鱼类、蜜蜂、蚯蚓等环境生物低毒,对捕食螨、草蛉、花蝽、蜜蜂、大黄蜂等害虫天敌没有明显影响。

【作用特点】　腈吡螨酯是一种新型含吡唑杂环的丙烯腈类杀螨剂,与目前常用的杀虫杀螨剂无交互抗性。腈吡螨酯通过代谢转化成羟基化合物,进而作用于呼吸系统的电子传递链,通过扰乱琥珀酸脱氢酶的作用,从而抑制线粒体正常的功效,达到防治作用。该药对各种害螨具有速效性,持效性长达 14 d 以上。

【常用剂型】　30％悬浮剂。

【使用方法】

（1）防治二斑叶螨:用 30％悬浮剂 2 000～4 000 倍液喷雾防治 1 次。

（2）防治柑橘全爪螨:用 30％悬浮剂 2 000～3 000 倍液喷雾防治 1 次。

【注意事项】　与其他杀螨剂轮换使用,降低产生抗药性的风险。

三、杀菌剂

丁香酚

【毒性】　丁香酚对人、畜及环境安全。

【作用特点】 丁香酚是从丁香等植物中提取的杀菌成分。该药兼具预防和治疗作用,有较强的渗透性和内吸性,能迅速治疗多种作物的真菌和细菌性病害。其作用机制是对侵染作物的病原细胞或孢子起毒杀作用,同时可以改变病原菌的致病过程,从而减轻或消除已侵染病害。其对灰霉病、霜霉病、白粉病、疫病等多种真菌病害有特效,对各种叶斑病也有良好的防治作用。在病害发生期使用,喷施后 24 h 病斑脱水、干枯即痊愈。此外,该药还对作物生长有显著促进作用,增强作物的抗病、抗逆能力。

【常用剂型】 0.3％可溶液剂。

【使用方法】 防治果树炭疽病:发病初期,用 0.3％可溶液剂 1000～1500 倍液喷雾,间隔 3～5 d 喷 1 次,连喷 2～3 次。

【注意事项】

(1) 不能与碱性物质混用。

(2) 注意不要污染鱼塘和桑园。

(3) 于干燥、通风、避光处贮存。

梧宁霉素

【毒性】 梧宁霉素属低毒杀菌剂。对人、畜低毒,对环境安全。

【作用特点】 梧宁霉素属肽嘧啶核苷酸类抗生素,对半知菌亚门真菌有极强的杀菌作用,对果树腐烂病有较好的防治效果。

【常用剂型】 0.15％、0.3％水剂。

【使用方法】 防治桃细菌性穿孔病:0.3％水剂 800 倍液喷雾,连续 2～3 次。

【注意事项】

(1) 不能与酸性农药混用。

(2) 配制的药液不能久存,要现配现用。

(3) 本品对眼睛有轻微刺激,注意防护。

中生菌素

【毒性】　中生菌素属低毒杀菌剂。

【作用特点】　中生菌素是由淡紫灰链霉菌海南变种产生的碱性 N-糖苷农用抗生素。它可抑制病原菌菌体蛋白质的合成,并能使丝状真菌畸形,抑制孢子萌发和杀死孢子。该药具有广谱、高效、低毒、无污染等特点,对多种细菌及真菌病害具有较好的防治效果。

【常用剂型】　1％水剂,3％可湿性粉剂。

【使用方法】　防治桃细菌性穿孔病和疮痂病:发病初期,用3％可湿性粉剂 600～800 倍液喷雾。

【注意事项】

(1) 不能与酸性农药混用。

(2) 药液要现配现用,不能久存。

腈菌唑

【毒性】　腈菌唑属低毒杀菌剂。对蜜蜂无毒,对兔眼睛有轻微刺激性,对皮肤无刺激性,试验条件下无致突变作用。

【作用特点】　腈菌唑是一种三唑类内吸治疗性广谱高效低毒杀菌剂,具有预防、治疗双重作用。其杀菌机制是抑制病菌麦角甾醇的生物合成,使病菌细胞膜不正常,而最终导致病菌死亡。该药既可抑制病菌菌丝生长蔓延、有效阻止病斑扩展,又可抑制病菌孢子形成与产生。该药内吸性强,药效高,持效期长,对作物安全,并具有一定刺激生长作用。其对由子囊菌、担子菌、核盘菌引起的病害有较高防效。

【常用剂型】　5％、12％、12.5％、25％乳油,12.5％微乳剂,40％可湿性粉剂,40％水分散粒剂,40％悬浮剂。

【使用方法】

（1）防治桃黑星病和炭疽病：从落花后 20～30 d 开始，用 12.5%微乳剂 2 000～3 000 倍液喷雾，10～15 d 喷 1 次，连喷 2～4 次。

（2）防治桃白粉病：从病害发生初期开始，用 12.5%微乳剂 2 000～3 000 倍液喷雾，10～15 d 喷 1 次，连喷 1～2 次。

【注意事项】

（1）三唑类杀菌剂连续喷施易使病菌产生耐药性，注意与不同类型杀菌剂交替使用或混合使用。

（2）不要与铜制剂、碱性农药及肥料混用。

（3）本剂对鱼类等水生生物有毒，严禁剩余药液及洗涤药械的废液污染池塘、河流、湖泊等水域。

（4）用药时注意安全保护，如发生意外中毒，应立即转移到新鲜空气处，并根据中毒程度对症治疗；严重时携带标签及时就医。

腈苯唑

【毒性】　腈苯唑属低毒杀菌剂。对人、畜低毒。

【作用特点】　腈苯唑是一种三唑类内吸传导型广谱高效低毒杀菌剂，具有预防保护和内吸治疗双重功效。其杀菌机制是通过抑制病菌细胞膜成分麦角甾醇的生物合成，使病菌细胞膜不能正常形成，而导致病菌死亡。该药既可抑制病菌菌丝伸长、阻止孢子发芽，又可杀死潜育期病菌、防止病菌产孢。其制剂对果树安全，活性较高，持效期较长，喷施后不影响光合作用和果实转色。

【常用剂型】　24%悬浮剂。

【使用方法】　防治桃褐腐病：从果实采收前 1～1.5 个月开始，用 24%悬浮剂 2 000～3 000 倍液喷雾，10～15 d 喷 1 次，连喷 2～3 次。

【注意事项】

（1）为避免病菌产生耐药性，连续喷药时建议与不同类型药剂交替使用或混用。

（2）用药时注意安全保护，避免药剂直接接触皮肤，或溅入眼睛。

（3）对鱼类等水生生物有毒，用药时应远离水产养殖区，剩余药液及洗涤药械的废液严禁污染湖泊、池塘、河流等水域。

（4）在桃树上的安全使用间隔期为 14 d，每季最多使用 3 次。

苯醚甲环唑

【毒性】 苯醚甲环唑属低毒杀菌剂。对蜜蜂无毒，对鱼及水生生物有毒，对兔皮肤和眼睛有刺激作用。

【作用特点】 苯醚甲环唑是一种有机杂环类内吸治疗性广谱低毒杀菌剂。其杀菌机制是通过抑制病菌甾醇脱甲基化，而破坏病菌细胞壁的合成，干扰病菌正常生长，抑制病菌孢子形成，最终导致病菌死亡。该药内吸性好，可通过输导组织传导到植物各部位，持效期较长，对许多高等真菌性病害具有治疗和保护活性。

【常用剂型】 10％、20％、30％、37％、60％水分散粒剂，10％、30％可湿性粉剂，10％、20％水乳剂，10％、20％、25％、30％微乳剂，250 g/L、25％、30％乳油，25％、30％、40％悬浮剂。

【使用方法】

（1）防治桃黑星病：从落花后 20～30 d 开始，用 10％水分散粒剂 2 000～2 500 倍液喷雾。

（2）防治桃炭疽病：从落花后 20～30 d 开始，用 10％水分散粒剂 1 500～2 000 倍液喷雾。

【注意事项】

（1）不宜与铜制剂混用，以免降低苯醚甲环唑杀菌能力。

（2）连续多次用药时，注意与不同作用机制的药剂交替使用或混用，避免病菌产生耐药性。

（3）用药时注意安全保护，如药液溅及眼睛，立即用清水冲洗眼睛至少 10 min；如误服，立即送医院对症治疗，本药无专用解毒剂。

（4）本剂对鱼类等水生生物有毒，剩余药液及洗涤药械的废液不能污染鱼塘、水池及水源。

戊唑醇

【毒性】 戊唑醇属低毒杀菌剂。对蜜蜂无毒，对鸟类低毒，对鱼中等毒性，试验剂量下无致畸、致癌、致突变作用。

【作用特点】 戊唑醇是一种三唑类内吸治疗性广谱低毒杀菌剂。其杀菌活性高，持效期长。该药既可杀灭植物表面的病菌，也可在植物体内向顶（上）传导，进而杀死植物内部的病菌。其杀菌机制是通过抑制病菌细胞膜上麦角甾醇的去甲基化，使病菌无法形成细胞膜，进而杀死病原菌。该药不仅可有效防控多种高等真菌性病害，还可促进植物生长、根系发达、叶色浓绿、植株健壮、提高产量等。

【常用剂型】 12.5％、250 g/L 水乳剂，12.5％微乳剂，25％乳油，25％、80％可湿性粉剂，30％、43％、430 g/L、50％悬浮剂，30％、50％、80％、85％水分散粒剂。

【使用方法】 防治桃黑星病、炭疽病、白粉病：从落花后 20～30 d 开始，用 25％乳油 2 000～2 500 倍液喷雾，10～15 d 喷 1 次，连喷 2～4 次。

【注意事项】

（1）不能与碱性物质混用。

（2）本品对水生动物有毒，严禁将药剂、药液及洗涤药械的废液污染河流、湖泊、池塘等水源。

（3）该药在一定浓度下具有刺激植物生长作用，但用量过大时显著抑制植物生长。

（4）用药时注意安全保护，药液溅入眼睛或皮肤上时，立即用清水冲洗;如误服,不可引吐或服用麻黄碱等药物,应立即送医院对症治疗,本剂无特殊解毒药剂。

氟菌唑

【毒性】 氟菌唑属低毒杀菌剂。

【作用特点】 氟菌唑属咪唑类广谱性杀菌剂。具有内吸、治疗和铲除作用,用于防治果树的白粉病、锈病、炭疽病、桃褐腐病等。

【常用剂型】 30%可湿性粉剂。

【使用方法】 防治桃褐腐病和黑星病:发病初期,用30%可湿性粉剂1 000~7 000倍液喷雾,7~10 d喷1次。

【注意事项】 如误服,应大量饮水、催吐,立即就医。

溴菌腈

【毒性】 溴菌腈属低毒杀菌剂。残留低,使用安全,对人、畜低毒。

【作用特点】 溴菌腈是一种甲基溴类防霉、灭藻广谱低毒杀菌剂,具有独特的预防保护、内吸治疗和铲除杀菌多重作用。其对农作物的许多病害均具有较好的防治效果,特别对炭疽病有特效。该药剂能够迅速被菌体细胞吸收,在菌体细胞内传导,干扰菌体细胞的正常发育,进而达到抑菌、杀菌作用。同时该药能够刺激作物体内多种酶的活性,增加光合作用,提高作物品质和产量。其在植物表面黏附性好,耐雨水冲刷,持效期较长。

【常用剂型】 25%乳油,25%微乳剂,25%可湿性粉剂。

【使用方法】 防治桃炭疽病:从落花后1个月左右开始,用25%可湿性粉剂600~800倍液喷雾,10~15 d喷1次,与不同类型药剂交替使用,连喷2~4次。

【注意事项】

（1）溴菌腈不能与碱性农药及肥料混用。

（2）用药时注意安全保护，并避免在高温时段用药。

（3）禁止在河塘等水域清洗施药器具，避免污染水源。

（4）一般作物的安全采收间隔期为 7 d。

丁香菌酯

【毒性】　丁香菌酯属低毒杀菌剂。对蜜蜂和鱼类高毒。

【作用特点】　丁香菌酯是一种新型甲氧基丙烯酸酯类高效广谱低毒杀菌剂，对真菌性病害具有良好的预防保护和免疫作用，使用安全。其杀菌机制是通过阻碍病菌线粒体细胞色素 b 和细胞色素 c 之间的电子传递，抑制真菌细胞的呼吸作用，干扰细胞能量供给，进而导致病菌死亡。该成分结构中含有丁香内酯族基团，不仅具有杀菌功能，还能诱使侵入菌丝找不到契合位点而迷向；同时，它能够刺激作物启动应急反应和抗病因子，加强自身抑菌系统，加速作物组织愈伤，使作物表现出对真菌病害的免疫功能，并促进作物改善品质，有利于增产、增收。

【常用剂型】　20％悬浮剂。

【使用方法】

（1）防治桃疮痂病：从落花后 20～30 d 开始，用 20％悬浮剂 1 000～1 500 倍液均匀喷雾，15 d 喷 1 次，连喷 2～4 次，兼防炭疽病。

（2）防治桃褐腐病：从果实采收前 1～1.5 个月开始，用 20％悬浮剂 1 000～1 500 倍液均匀喷雾，10～15 d 喷 1 次，连喷 2～3 次。

【注意事项】

（1）不能与碱性及强酸性药剂混用。避免和有机磷或有机硅类农药混用，该类农药可能会降低丁香菌酯的药效。

（2）连续喷药时，注意与不同类型药剂交替使用或混合使用，以延缓病菌产生耐药性。

（3）为充分发挥该药剂激活植物自身的防御潜能，使用本剂时应较其他普通杀菌剂稍早。

（4）在新作物上使用时，应先试验安全后再推广应用，避免造成药害。

（5）丁香菌酯对蜜蜂和鱼类为高毒，用药时严禁污染水源，并禁止在河塘等水域中清洗施药器械。

多菌灵

【毒性】　多菌灵属低毒杀菌剂。

【作用特点】　多菌灵为苯并咪唑类广谱内吸性杀菌剂。药液经种子、根、叶吸收后，可在植物体内传导，具有保护和治疗作用，残效期长。该药对大多数子囊菌、担子菌和半知菌的病原菌具有活性，对卵菌、链格孢、长蠕孢菌和细菌没有活性。其作用机制是抑制菌丝细胞分裂，阻碍细胞有丝分裂过程中纺锤体和核酸的形成。该药对菌丝有极强的抑制作用，对病菌孢子萌发的抑制作用小。

【常用剂型】　25％、50％可湿性粉剂，50％悬浮剂。

【使用方法】　防治桃褐腐病：于落花后 10 d 左右，开始用 50％可湿性粉剂 600～800 倍液，以后根据降雨情况，15～20 d 喷 1 次，采前 1 个月停止用药，兼治疮痂病、流胶病。

【注意事项】

（1）本品作用方式单一，病菌极易产生抗性，应与其他杀菌剂交替使用。

（2）不能与碱性农药混用。

（3）果实采收前 30 d 停止用药。

腐霉利

【毒性】　腐霉利属低毒杀菌剂。

【作用特点】　腐霉利属二羧甲酰亚胺类杀菌剂,具有内吸和保护作用,主要是抑制菌体内甘油三酯的合成。其对葡萄孢属和核盘孢属真菌特效,持效期长。

【常用剂型】　50%可湿性粉剂。

【使用方法】　防治果树褐腐病:发病初期,用50%可湿性粉剂1 000～2 000倍液喷雾,间隔7～15 d,喷药1～2次。

【注意事项】

(1) 长期单一使用,极易产生抗性,应与其他杀菌剂交替使用。

(2) 不能与碱性农药混用。

(3) 现配现用,不能久放。

(4) 药液溅入眼睛,及时用肥皂水冲洗;若误食,应立即洗胃,前往医院治疗。

异菌脲

【毒性】　异菌脲属低毒杀菌剂。制剂对眼睛、皮肤无刺激和过敏反应,无积累中毒的危害。

【作用特点】　异菌脲是一种二羧甲酰亚胺类触杀型广谱保护性低毒杀菌剂,能够渗透到植物体内,具有一定的治疗作用。其杀菌机制是抑制病菌蛋白激酶,干扰细胞内信号和碳水化合物正常进入细胞组分等;该机制作用于病菌生长为害的各个发育阶段,既可抑制病菌孢子产生和萌发,又可抑制菌丝体生长。

【常用剂型】　50%可湿性粉剂,25%、45%、255 g/L、500 g/L悬浮剂。

【使用方法】　防治桃褐腐病:采收前1个月、采收前半月,用50%可湿性粉剂1 000～1 500倍液,各喷雾1次。

【注意事项】

(1) 不能与强碱性或强酸性药剂及肥料混用。

(2) 不要与腐霉利、乙烯菌核利、乙霉威等杀菌机制相同的药剂混用或交替使用。

（3）悬浮剂可能会有一些沉降，摇匀后使用不影响药效。

（4）用药时注意安全保护，避免皮肤及眼睛触及药剂。

代森锰锌

【毒性】 代森锰锌属低毒杀菌剂。

【作用特点】 代森锰锌属有机硫类杀菌剂，是广谱保护性杀菌剂。其作用机制是抑制菌体丙酮酸的氧化，对果树炭疽病、褐斑病、黑斑病、早疫病、细菌性病害等有效，常与内吸性杀菌剂混配，可延缓抗性。

【常用剂型】 70％、80％可湿性粉剂，75％悬浮剂。

【使用方法】 防治桃细菌性穿孔病：从桃树展叶期开始，用70％代森锰锌 600～800 倍液，或 80％代森锰锌 600～1 000 倍液喷雾，每 15 d 左右喷 1 次，连续喷 3～4 次，可兼治疮痂病。

【注意事项】

（1）为提高药效，可与多种农药混合使用，但不能与铜制剂和碱性农药混用。

（2）无内吸性，喷药力求均匀周到。

（3）对鱼有毒，不可污染水源。

（4）本品对皮肤、黏膜有刺激，用药时注意防护。

代森锌

【毒性】 代森锌属低毒杀菌剂。对皮肤和黏膜有刺激性，对果树安全。

【作用特点】 代森锌属有机硫类杀菌剂，在水中易被氧化成异硫氰化合物，在碱性、高温、潮湿、日光照晒条件下不稳定。其对病原菌体内含有—SH 基的酶有强烈抑制作用,并能直接杀死病菌和孢子,抑制孢子萌发,防止病菌侵入。

【常用剂型】 65%、80%可湿性粉剂。

【使用方法】

(1)防治桃褐腐病:从落花后 10 d 左右开始至采收前 1 个月,每 10 d 左右喷 1 次 65%可湿性粉剂 500 倍液。

(2)防治桃疮痂病:5～6 月,喷 65%可湿性粉剂 500 倍液,每 10 d 左右喷 1 次,连续喷 3～4 次。

(3)防治桃炭疽病:桃树开花前、落花后及生长期,喷 65%可湿性粉剂 500 倍液。

(4)防治桃细菌性穿孔病:展叶后至发病初期,喷 65%可湿性粉剂 500 倍液 2～3 次。

【注意事项】 本品为保护性杀菌剂,应在病害发生初期使用才有效。

波尔多液

【毒性】 波尔多液属低毒杀菌剂。对人、畜和天敌安全,不污染环境。

【作用特点】 波尔多液属保护性杀菌剂。喷药后能黏附在植物体表面形成一层保护药膜,起到防止病菌侵入,并释放出铜离子杀死病菌的作用,适用于果树多种病害的防治。

【常用剂型】 依据硫酸铜与石灰配合量的不同,分为石灰少量式、石灰半量式、石灰等量式、石灰多量式、石灰倍量式、石灰三倍量式、硫酸铜半量式等。波尔多液一般自己熬制,可根据需要确定适宜的配比制剂。

【使用方法】 防治桃树病害:桃树发芽前喷洒 1∶1.5∶120 波尔多液,可防治炭疽病、细菌性穿孔病;桃树花芽露红时,喷洒 1∶1∶150 波尔多液,可铲除桃缩叶病初侵染源。

【注意事项】

（1）波尔多液要现配现用，应用木制或陶制容器配制，以防腐蚀。不能贮存于铁质、钢质容器中，也不能在喷雾器中放置过久。施药后及时清洗喷雾器，以防腐蚀。

（2）选择阴湿天气或晴天露水未干前施药，以防止药害。喷药后如遇大雨冲刷，应在雨停后及时补喷1次。

百菌清

【毒性】　百菌清属低毒杀菌剂，对鱼类毒性大，对鸟、蜜蜂安全。

【作用特点】　百菌清属有机氯类广谱非内吸性杀菌剂，主要作用是预防真菌侵染。该药能与真菌细胞中 3 -磷酸甘油醛脱氢酶中的半胱氨酸的蛋白质结合，破坏细胞呼吸代谢中酶的活力，破坏细胞新陈代谢，主要是阻止植物受到真菌侵染。其具有良好的黏着性，耐雨水冲刷，药效期 7～10 d。

【常用剂型】　75％可湿性粉剂，40％、72％悬浮剂，45％烟剂，10％油剂。

【使用方法】　防治桃黑星病：从落花后 20～30 d 开始，用 75％可湿性粉剂 800～1 000 倍液喷雾，10 d 左右喷 1 次，连喷 2～4 次。

【注意事项】

（1）不能与碱性农药混用。

（2）在桃、梨、柿等果树上使用浓度偏高会发生药害。

（3）无内吸性，喷药力求均匀周到。

（4）对鱼有毒，避免污染水源。

（5）药液溅到眼睛，立即用大量清水冲洗 15 min，直到疼痛消失。误食后不要进行催吐，立即就医。

福美双

【毒性】　福美双属中等毒杀菌剂,对鱼类有毒,对蜜蜂无毒。

【作用特点】　福美双是一种具有保护作用的杀菌剂。其杀菌谱广,可用于防治一些果树病害,一般使用剂量下对果树无药害。对人、畜的毒性较低。

【常用剂型】　50%、70%可湿性粉剂,10%膏剂。

【使用方法】　防治桃细菌性穿孔病:在病害发生初期,用50%可湿性粉剂500～800倍液喷施叶片和幼果,间隔5～7d喷1次,连续喷3～4次。

【注意事项】

(1) 拌过药的种子禁止饲喂家禽、家畜。

(2) 对人体黏膜及皮肤有刺激作用,操作时应做好防护,工作完毕及时清洗裸露的部位。

嘧菌酯

【毒性】　嘧菌酯属低毒杀菌剂。不引起皮肤过敏,对兔眼有轻微刺激作用,对人、畜和天敌安全。在土壤中半衰期为1～4周。

【作用特点】　嘧菌酯是从生长在热带雨林的可食黏液蜜环菌中发现的一类天然抗菌物质,经仿生合成制得。其具很高的杀菌活性,具有对果树极佳的安全性,同时保留了其天然母体对哺乳动物低毒和无害于环境的优良特性。该药能防治卵菌、子囊菌、担子菌和半知菌等引起的多种真菌病害,杀菌谱广,防效好。其杀菌机制是抑制病原菌细胞线粒体呼吸作用,破坏病菌能量合成而导致其死亡。该药具有传导性好、持效期长的特点,能减少施药次数,节省农药成本。该药还具有促进果树生长、提高产量、改善品质的作用。

【常用剂型】　25%胶悬剂。

【使用方法】 防治桃褐腐病、疮痂病：用 25％胶悬剂 5 000～
10 000 倍液喷雾。

【注意事项】

（1）喷药时，必须加足水量，使果树表面充分接触药剂，特别是
果树生长中后期。

（2）药剂有少量沉淀，摇匀后使用，不影响药效。

（3）能与大多数杀虫剂、杀菌剂混用。

石硫合剂

【毒性】 石硫合剂属低毒杀菌、杀虫剂。

【作用特点】 石硫合剂是用生石灰、硫黄加水煮制而成的，具
有杀菌、杀螨和杀虫作用。石硫合剂稀释喷于果树上，经氧气、水和
二氧化碳作用，形成细微的硫黄沉淀，并释放出少量硫化氢发挥作
用。石硫合剂具碱性，能腐蚀蜡质层，因此对介壳虫和卵有杀灭
作用。

【常用剂型】 45％结晶，29％水剂，20％膏剂。自己熬制的石
硫合剂原液为 24～32 波美度。

【使用方法】 防治桃树细菌性穿孔病：发芽前喷洒 5 波美度
液或 45％晶体 20～30 倍液，展叶后喷 0.3 波美度液或 45％晶体
200～300 倍液，可防治桃细菌性穿孔病，兼治褐腐病、缩叶病、炭疽
病及疮痂病。

【注意事项】 石硫合剂具强碱性，避免与有机磷和铜制剂
混用。

参考文献

［1］李绍华.桃树学［M］.北京：中国农业出版社,2013.

［2］熊彩珍.桃安全优质高效栽培技术［M］.北京：中国农业出版社,2011.

［3］郭晓成,邓琴凤.桃树栽培新技术［M］.杨凌：西北农林科技大学出版社,
2008.

［4］浙江省农业技术推广中心.桃、梨标准化生产技术［M］.杭州：浙江科学
技术出版社,2012.

［5］朱更瑞.图说桃高效栽培关键技术［M］.北京：金盾出版社,2014.

［6］冯校严.图说设施桃树优质标准化栽培技术［M］.北京,化学工业出版社,
2015.

［7］周慧文.桃树丰产栽培［M］.北京：金盾出版社,2017.

［8］马之胜,贾云云,王越辉.桃名优品种与配套栽培［M］.北京：金盾出版
社,2018.

［9］张安宁.桃绿色高效生产关键技术［M］.济南：山东科学技术出版社,
2014.

［10］王秀敏.上海市果树栽培技术［M］.北京：中国农业出版社,2015.

［11］邱强.中国果树病虫原色图鉴［M］.2版.郑州：河南科学技术出版社,
2019.

［12］吕佩珂,苏慧兰,庞震,等.中国现代果树病虫原色图鉴［M］.北京：化学
工业出版社,2013.

［13］郭书普.新版果树病虫害防治彩色图鉴［M］.北京：中国农业大学出版
社,2010.

［14］戚佩坤,姜子德,向梅梅.中国真菌志(第三十四卷拟茎点霉属)［M］.北
京：科学出版社,2007.

［15］王运兵,徐小娃.无公害果园农药使用指南［M］.北京：化学工业出版社,
2010.

［16］王江柱,席常辉.桃李杏病虫害诊断与防治原色图鉴［M］.北京：化学出
版社,2014.

[17] 章云雯,许渭根,张庆云.桃病虫原色图谱[M].杭州:浙江科学技术出版社,2007.

[18] 张建平,仪海亮,马梅静,等.作物营养缺素诊断与科学施肥[M].郑州:中原农民出版社,2019.

[19] 马国瑞,石伟勇.果树营养失调症原色图谱[M].北京:中国农业出版社,2014.

[20] 舒畅,汤建国.昆虫实用数据手册[M].北京:中国农业出版社,2009.

[21] 赵杰,黄奕怡.桃细菌性穿孔病的室内药剂筛选[J].上海农业科技,2007(3):133.

[22] 欧阳柳,赵杰.代森锰锌和链霉素对桃细菌性穿孔病的抑菌活性和田间防效[J].上海农业科技,2010(2):122.

[23] 赵宝明,沈国清,王世平.不同生物农药防治桃细菌性穿孔病的筛选报告[J].上海农业科技,2011(5):129-130.

[24] 赵宝明,沈国清,王世平.17种杀菌剂对桃细菌性穿孔病的抑菌作用[J].上海交通大学学报(农业科学版),2011,29(4):17-20.

[25] 赵杰,支月娥,赵宝明,等.38种杀菌剂对桃细菌性穿孔病的抑菌效果[J].中国园艺文摘,2016,32(2):58-59,94.

[26] 许业帆,赵杰.两种喹啉酮药剂防治桃树细菌性穿孔病田间试验报告[J].上海农业科技,2017(1):115,122.

[27] 徐心,许业帆,赵杰,等.5种杀菌剂防治桃细菌性穿孔病田间药效试验[J].上海农业科技,2017(1):110,112.

[28] 盛玉,潘海发,陈红莉,等.桃细菌性穿孔病测报及生产防治关键技术[J].农业灾害研究,2020,10(1):6-7,46.

[29] 魏茂兴,王连延,兰枫.桃炭疽病暴发流行原因的调查与综合防治[J].中国果树,2004(5):48-50.

[30] 胡晓颖,赵杰.四种杀菌剂对胶孢状炭疽菌的毒力测定[J].北方园艺,2016(8):112-114..

[31] 陈祥照.桃树流胶病的研究Ⅰ.病原特性及其发病规律[J].植物病理学报,1985,15(1):53-57.

[32] 赵杰,徐心,曹忠.五种杀菌剂对桃褐腐病菌的抑菌作用初探[J].上海农业科技,2014(5):151.

[33] 董天云.上海地区桃褐腐病的发生情况与绿色防控[J].上海农业科技,2020(2):112-114.

[34] 纪兆林,戴慧俊,金唯新,等.桃枝枯病病原鉴定[J].扬州大学学报(农业与生命科学版),2013,34(4):94-98.

[35] 顾立明,方丽,熊彩珍,等.桃枝枯病菌的生物学特性研究[J].浙江农业科学,2013(9):1142-1144.

[36] 纪兆林,戴慧俊,金唯新,等.桃枝枯病发生规律研究[J].中国果树,2016
(2)：13－17,21.

[37] 赵杰,赵宝明,徐心.桃树折枝病的识别与防治[J].上海农业科技,2015
(1)：127.

[38] 顾燕飞,赵杰,秦忠,等.上海梨小食心虫的发生与创建中期预警模型探讨
[J].中国农技推广,2020(1)：79－81.

[39] 赵杰,赵宝明.梨园梨小食心虫和棉褐带卷蛾成虫发生规律初探[J].上海
农业科技,2018(2)：112－113.

[40] 杨德林,赵杰,叶蕾.两种诱捕器对桃蛀螟和梨小食心虫的诱捕效果初探
[J].上海农业科技,2013(1)：134.

[41] 魏琪,高聪芬.我国茶树假眼小绿叶蝉的发生与防治研究进展[J].茶叶科
学技术,2014(1)：7－11.

[42] 吕文明,陈琇,罗其忍.小绿叶蝉发生规律及其防治研究[J].1964(1)：
45－55.

[43] 李明桃.桃蚜在上海地区的发生规律及其防治技术[J].南方农业,2014,8
(13)：10－11,22.

[44] 古丽加马丽·吐尔汗,王登元,王华,等.5种恒定温度下桃粉蚜实验种群
的研究[J].新疆农业科学,2011,48(12)：2230－2233.

[45] 廖启荣,汪廉敏,杨茂发.桃粉蚜发生规律及防治[J].贵州师范大学学报
(自然科学版),1999,17(2)：67－70.

[46] 赵晓琴,李莹.桃蛀螟测报方法与防治技术[J].西北园艺,2009(4)：31.

[47] 蔡奚平,龄文俊,王冬生.桃潜蛾的发生特点及其综防技术[J].上海农业
科技,2004(3)：98.

[48] 胡长效,苏新林.国内桃潜叶蛾发生及防治研究进展[J].林业科技开发,
2012,16(6)：6－8.

[49] 逯改霞.桃潜叶蛾性诱测报与药剂防治试验[J].落叶果树,2014,46(5)：
40－42.

[50] 江洪.桑白盾蚧生物学特性及其天敌调查[J].昆虫知识,1986(1)：19－
20.

[51] 褚风杰,周志芳,李瑞平,等.茶翅蝽生物特性观察及防治研究[J].河北
农业大学学报,1997,20(2)：12－17.

[52] 何俊华,陈学新,马云.中国棉褐带卷蛾的茧蜂[J].浙江农业大学学报,
1989,15(4)：437－439.

[53] 罗旭初,刘丽,黄山春.褐带卷蛾茧蜂羽化、交配及产卵行为观察[J].环境
昆虫学报,2017,39(2)：382－389.

[54] 李惠明,潘月华,陈道法.斜纹夜蛾发生规律与测报技术[J].上海蔬菜,
1996(3)：38－39.

[55] 蒋建忠,何吉,袁联国,等.性诱导和黑光灯在甜菜夜蛾和斜纹夜蛾测报上的应用效果比较[J].上海农业学报,2009,25(4):140-142.

[56] 徐岭,吴时英,李文辉,等.上海浦东环城绿带斜纹夜蛾的发生和信息素测报技术应用初探[J].上海农业学报,2006,22(2):121-124.

[57] 张亚玲,王保海.拉萨市桃剑纹夜蛾调查研究初报[J].西藏科技,2015(6):32.

[58] 夏雄勤,李慧萍,孙兴全,等.上海松江区桔小实蝇生活习性及防治研究[J].安徽农学通报,2011,17(22):69-70.

[59] 潘蓉英,方东兴,何翔.咖啡木蠹蛾生物学特性的研究[J].武夷科学,2003,19(12):162-164.

[60] 孙素芬,冷翔鹏,周顺标,等.桃无公害生产病虫害综合防治技术[J].江苏农业科学,2013,41(12):129-132.

附　录

附录1　桃树栽培技术规范

（一）范围

本规范规定了桃的产量、质量、苗木、园地选择、定植、整形修剪、土肥水管理、人工授粉、疏果套袋、病虫害防治、采收、包装、运输。

本规范适用于在上海地区的桃树栽培。

（二）规范性引用文件

下列文件对于本文件的应用是必不可少的。凡是注日期的引用文件，仅注日期的版本适用于本文件。凡是不注日期的引用文件，其最新版本（包括所有的修改单）适用于本标准。

GB 4285—1989　农药安全使用标准

GB/T 8321.1—2000　农药合理使用准则（一）

GB/T 8321.2—2000　农药合理使用准则（二）

GB/T 8321.3—2000　农药合理使用准则（三）

GB/T 8321.4—2006　农药合理使用准则（四）

GB/T 8321.5—2006　农药合理使用准则（五）

GB/T 8321.6—2000　农药合理使用准则（六）

GB/T 8321.7—2002　农药合理使用准则（七）

GB/T 8321.8—2007　农药合理使用准则（八）

GB/T 8321.9—2009　农药合理使用准则（九）

GB 19341—2003　育果袋纸

GB 4285—89　农药安全使用标准

DB 31/250—2000　有机肥料、有机复混肥料

DB 31/T252—2000　安全卫生优质农产品（或原料）产地环境标准

NY 525—2002　有机肥料

NY 5013—2006　无公害食品林果类产品产地环境条件

（三）产量和质量

1. 产量指标　成龄园每 667 m² 产量 1 000～1 250 kg。

2. 质量指标

（1）单果重：大果形单果重≥180 g，如大团蜜露、仓方早生、白花、锦绣黄桃、新凤蜜露等；中果形单果重≥150 g，如湖景蜜露，雨花露，上海水蜜、白凤，玉露等；小果形单果重≥80 g，如春蕾、春花、早熟油桃。

（2）可溶性固形物：早熟品种可溶性固形物含量≥8.5％；中熟品种可溶性固形物含量≥11％；晚熟品种可溶性固形物含量≥12％。

（四）苗木

1. 砧木　选用毛桃作砧木。

2. 品种选择

（1）早中熟品种：春花、仓方早生、雨花露、砂子早生。

（2）中熟品种：白凤、清水白桃、浅间白桃、塔桥一号、湖景蜜露、新凤蜜露、大团蜜露。

（3）晚熟品种：玉露、锦绣黄桃、白花、上海水蜜、迎庆。

3. 芽苗质量要求　根系发达、无检疫性病虫、无机械损伤，苗粗 0.6 cm 以上，嫁接处伤口愈合良好无裂口，接芽充实饱满无损伤。

4. 成苗质量要求　成苗质量应符合表1要求。

表1　成苗质量要求

级别	根系	苗高/cm	苗直径/cm	整形带内饱满芽数	嫁接口愈合程度	检疫性病虫
一级	侧根数≥4条,长度15 cm	80	1.0	≥6	完全愈合	无
二级	侧根数≥3条,长度15 cm	60～80	0.8	≥4	完全愈合	无

注:嫁接口以上5 cm处。

（五）园地选择

应选择交通方便、地势平坦、土壤肥沃(有机质含量在1.0％以上)、土层深厚(耕作层在50 cm以上)、排灌方便、周围1 000 m处无水、气污染源的地块,地下水位0.8 m以下,pH 6.0～7.5,含盐量不超过0.12％,园地符合DB 31/T252—2000、NY 5013—2006要求。

（六）定植

1. 三沟配套　定植前,须开好三条沟。

条沟:深0.6 m,宽0.6 m。

腰沟:深0.8 m,宽0.8 m。

围沟:深1 m,宽1 m。

2. 定植时间　12月初至翌年2月中旬。

3. 定植密度　行距×株距:5 m×4 m(33株/667 m²);5 m×3.5 m(38株/667 m²)。

4. 挖定植穴　底60 cm×60 cm,深60 cm,表土和深层土分开放置(遇犁底层必须打破)。

5. 底肥　施充分腐熟的有机肥,每穴25 kg,与土混合后回填。回填后穴上层用表土做成一个高出畦面25～30 cm的墩子。

6. 栽种　对受伤或霉烂根系进行修剪,超过30 cm长根系适当剪短。在定植墩中心挖小穴,把苗木垂直放在小穴内,根系自然舒展,把细土填入根间,周边压实,并把嫁接口露出土面(芽苗在萌动期间及时松绑)。发现死苗立即补种。

7. 浇水　栽后浇透水,遇晴天干旱日子应重浇一次,保持土壤湿润。

(七)整形修剪

1. 修剪时间　冬季修剪时间为 12 月初至翌年 2 月中旬;生长期修剪时间为 4 月上旬至 9 月下旬。

2. 树形　采用三主枝开心形或"Y"形。

(八)土、肥、水的管理

1. 土壤管理

(1)深耕改土:为了改善土壤的理化性状,为根系向纵深扩展创造良好条件,增强桃树抗逆性,根据不同情况进行适时深翻、浅耕、休闲、覆盖等。

(2)间作与覆盖:间作可选择豆类、叶菜类、绿肥等矮秆作物,不论种哪种作物,都要留出树盘(80 cm 以上),切忌与桃树争光争肥,同时要加强中耕除草和肥水管理,以免影响桃树的生长。

覆盖的主要目的是减少杂草和地面蒸发量,降低土温,促进果实着色、成熟和提高品质,减少落果及果面损伤;另外也有益于微生物的活动,增加土壤中的有效钾。覆盖材料有草、秸秆等。

2. 施肥

(1)幼树:采取薄肥勤施,以氮为主。

(2)结果树:一般 1 年施 3 次,膨果肥以速效氮磷钾复合肥为主,增加钾肥比例,基肥以有机肥和磷肥为主,弱树可适量施花前肥,以速效氮肥为主。

(3)施肥方法:在树盘外围挖环状宽沟或对称半月形宽沟施肥,沟宽 20～30 cm,深 20～30 cm。做到化肥湿施,有机肥、磷肥深施,施后即覆土。

根据树体所需的营养元素进行叶面喷施,注意肥害。

肥料符合 DB 31/250—2000 要求。

3. 水

（1）桃园：应深沟高畦防止积水，特别雨季要注意开沟排水，疏通沟系，做到雨停沟干。

（2）桃：果实在成熟前后正值高温夏旱季节，必须及时灌水，灌水宜在傍晚进行，日出排放，有条件的果园可以推广滴灌，铺设地膜。

（九）人工授粉

1. 配置授粉树　对浅间白桃、大团蜜露、仓方早生、砂子早生等无花品种，种植时需配置品质优良、花粉量多、花期相同的授粉树，如清水白桃、新凤蜜露、白凤、玉露、锦绣黄桃、湖景蜜露等，在不良天气的情况下，必须进行人工授粉。

2. 花粉采集　采集含苞待放的花蕾，剥下花药，放在玻璃板上，摊开一层，于 25 ℃以下白炽灯下烘出花粉，去杂质，收集在小瓶内，置于低温干燥的环境下贮藏备用。

3. 授粉方法　1 份花粉加 3 份精细淀粉混合，在盛花期用小橡皮头蘸此花粉点授予柱头上。授粉顺序按主枝顺序排列，由下到上，由内到外逐枝进行，授后做上记号，以免重复和遗漏。一般长果枝点 6～8 朵，中果枝点 3～4 朵，短果枝 2～3 朵。选刚开不久、柱头嫩绿并附有黏液的花进行授粉，以保证着果均匀。授粉后 2～3 h 内下雨或遇晚霜，需重复授粉。

（十）疏果套袋

1. 疏果时间　5 月下旬。

2. 疏果方法　根据树势、树冠大小确定留果量，先疏去小果、畸形果、背上果、病虫果和伤果。在一个结果枝上疏基部果，留中上部的果，长果枝留 2～3 个果，中果枝留 1～2 个果，短果枝留 1 个果。

3. 套袋时间　5 月下旬至 6 月上中旬，因品种而异，选用专用套袋，套前喷 1 次杀菌杀虫混合药剂。

（十一）病虫害防治

1. 防治原则　以改善果园生态环境、加强栽培管理为基础,优先选用农业措施和生物制剂,注意天敌保护利用,有选择性地使用化学农药,禁止使用毒性高、污染重、残留大的农药,选用长效、低毒、低残留农药品种。农药使用方法按 GB 4285—1989、GB/T 8321.1—2000、GB/T 8321.2—2000、GB/T 8321.3—2000、GB/T 8321.4—2006、GB/T 8321.5—2006、GB/T 8321.6—2000、GB/T 8321.7—2002、GB/T 8321.8—2007、GB/T 8321.9—2009 要求。

2. 主要病害　细菌性穿孔病、褐腐病、炭疽病、桃缩叶病、流胶病等。

3. 主要虫害　桃蚜、梨小食心虫、桃蛀螟、桃潜叶蛾、桃红颈天牛、桑白蚧等。

（十二）采收、包装、运输

1. 采收

（1）采收适期：桃果的风味、色泽不会因后熟而增进,主要是在树上充分成熟才能表现出来,故不能过早采收。但充分成熟后,皮薄、肉软易受机械损伤,不耐贮运,也不能迟采。

① 硬熟期果实绿色减退,基本泛白,已停止膨大,果面丰满,果皮不易剥离,对制罐、鲜食及销运外地的水蜜桃可采收。

② 成熟期果实由绿转白或乳黄色,向阳面呈现红霞或红斑,果实充分膨大,果皮易剥离,固形物急剧增加,具有色、香、味,果面发软,不能远运,只能当地供应。

（2）采收方法：用手掌托持果实,稍扭即下,套袋果连袋采收,注意不能用手指按压果实和强拉果实,以免果实受伤和枝条折断。篮子内衬软布,高树要用梯子,轻采轻放,不能甩果子。

（3）采收时间：应安排在早晨天气凉爽时进行。

2. 包装　采下果实避免曝晒,宜放在阴凉处,并尽快放进预冷库,清除纸袋,进行分级、包装,装果用瓦楞纸箱,内衬碎纸等软物,不能挤压和过满,小箱装 2.5～5 kg,大箱装 7.5～10 kg。

3. 运输 箱子叠装不能过高,装卸时要轻装、轻放,要防止日晒、雨淋,并要防冻、防热,进行冷链运输。

附录 2　桃树病虫害综合防治技术

（一）病虫害综合防治的要求

"预防为主,综合防治"是我国植物保护工作的一贯方针,也是桃生产的重要指导思想。桃树病虫防治要采取综合治理技术,运用现代经济学、生态学和环境科学的观点对病虫害实施全面管理,以改善生态环境、加强栽培管理为基础,优先选用农业措施和生物制剂,最大限度地减少农药用量,改进施药技术,减少污染和残留,将病虫害控制在经济阈值以下。主要技术措施包括注意天敌的保护利用、积极提倡使用生物农药和正确使用化学农药等。

（二）植物检疫

植物检疫是贯彻预防为主、综合防治的重要措施之一,即凡是从外地引进或调出的苗木、种子、接穗等,都应进行严格检疫,防止危险性病虫害扩散。

（三）农业防治

1. 加强地下管理 刨树盘是桃树管理的一项常用措施,既可起到疏松土壤、促进桃树根系生长的作用,也可将地表的枯枝落叶翻于地下,把土中越冬的害虫翻于地表。改大水漫灌为畦灌和滴灌,注意雨季排水,防止因漫灌传播病害。多施有机肥,壮树壮根,改良土壤结构,增加贮藏营养水平。

2. 科学修剪 合理的四季修剪,调节好光照,防止树冠郁闭,否则会加大树冠内膛湿度而利于病菌的侵染。结合冬季修剪,消灭在枝干上越冬的病虫,如桃黑星病、桃炭疽病和细菌性穿孔病。不用带病菌的支棍,注意剪除干桩干橛。第 1、2 代梨小食心虫发生期,正是新梢生长期,发现有桃梢萎蔫时,及时剪除。对局部发生的桃蚜为害梢也应及时剪除。刮皮时期应掌握在天敌已能爬动逃生而害虫尚未出蛰时进行。少造成伤口,同时注意伤口保护。

3. 清扫枯枝落叶与刮树皮　通常在桃树落叶后进行,可消灭在叶片越冬的病虫,如桃潜叶蛾等。刮皮除了主干以外,还应包括主枝。因为有些害虫如叶螨,在主干以上分枝翘皮内越冬的比主干上多。在要刮的树下铺盖塑料布或报纸,便于收集粗翘皮。

4. 增加果园植被　果园种植白三叶草、黄花苜蓿以后,天敌出现的高峰期明显提前,而且数量增多;种植藿香蓟(此为药用植物),可大量栖息繁殖各类害螨的天敌(捕食螨)。以上方法可以作为多种天敌的转主寄主或补充寄主,使果园害虫天敌能连续不断地繁殖。

5. 树干绑缚草绳　不少害虫喜在主干翘皮、草丛、落叶中越冬,利用这一习性,于果实采收后,在主干分枝以下绑缚 3～5 圈松散的草绳,可诱集到叶螨、梨小食心虫等。草绳可用稻草或谷草、棉秆皮拧成,但必须松散,以利于害虫潜入。

6. 人工捕虫　许多害虫有群集和假死的习性,如多种金龟子有假死性和群集为害特点,茶翅蝽有群集越冬的习性,桃红颈天牛成虫有在枝干栖息的习性,可以利用害虫的这些习性进行人工捕捉。

(四) 物理防治

1. 黑光灯诱杀　常用 20 W 或 40 W 的黑光灯管做光源,在灯管下接 1 个水盆或 1 个大广口瓶,瓶中放些药液或水,以杀死掉进的害虫。此法可诱杀许多害虫,如桃蛀螟、卷叶蛾等。还可使用频振式杀虫灯诱杀害虫。

2. 糖醋液诱杀　许多成虫对糖醋液有趋性,因此可利用该习性进行诱杀,如梨小食心虫、卷叶蛾、桃蛀螟、红颈天牛等。将糖醋液盛在水碗或水罐内即制成诱捕器,将其挂在树上,每天或隔天清除死虫,并补足糖醋液。

3. 性信息素应用

（1）利用性外激素诱杀：性外激素已明确的果树害虫种类大约有 30 种，桃树上有梨小食心虫、桃潜叶蛾、桃蛀螟等。目前国内外应用的性外激素捕获器类型有 5 大类 20 多种，如黏着型、捕获型、杀虫剂型、电击型和水盘型，捕获器的选择要根据害虫种类、虫体大小等来决定。桃潜叶蛾以 1 mg 剂量的诱芯月诱蛾量最多，0.5 mg 剂量次之，0.25 mg 剂量最差。在田间挂专用性诱剂诱杀桃蛀螟和梨小食心虫成虫，挂诱器 45～60 个/hm²，诱芯 30 d 更换 1 次，如遇暴雨应立即更换。

（2）性迷向素干扰交配：在果园内悬挂一定数量的害虫性外激素诱捕器诱芯，作为性外激素散发器。这种散发器不断地将昆虫的性外激素释放到田间，使雄成虫寻找雌成虫的联络信息发生混乱，从而失去交配机会。在桃园的试验结果表明，在每 667 m² 内栽植74 株桃树的情况下，每株树上挂 1 个梨小食心虫性外激素诱芯，能起到干扰成虫交配的作用。

4. 黄色粘虫板诱杀　于桃园内悬挂黄色双面粘胶板诱杀蚜虫、小绿叶蝉等刺吸式口器害虫。

5. 喷水　在桃树休眠期，用压力喷水泵喷枝干，喷到流水程度，可消灭枝干上越冬的介壳虫。

（五）生物防治

1. 利用天敌，控制害虫为害　害虫天敌主要有异色瓢虫、龟纹瓢虫、七星瓢虫、晋草蛉、中华草蛉、大草蛉、丽草蛉、小花蝽、塔六点蓟马、捕食螨、蜘蛛和各种寄生蜂、寄生蝇等。这些天敌在喷药较少的桃园，控制害虫的效果非常显著。保护天敌最有效的措施是减少喷施农药，尤其剧毒农药。对于一些常发性害虫，单靠天敌自身的自然增殖是很难控制害虫的，因为天敌往往是跟随害虫之后发生的，比较被动。人工繁殖和引进释放天敌，当在害虫发生之初自然天敌不足时，提前释放一定数量的天敌，则能主动控制害虫，取得较好的效果。

2. 利用微生物及其产物　在自然界有一些病原微生物，如细菌、真菌、病毒、线虫等,在条件合适时能引发流行病,致使害虫大量死亡。

(1)苏云金杆菌是目前产量最大的微生物杀虫剂,又叫 Bt,主要防治刺蛾、卷叶蛾等鳞翅目害虫。此种细菌杀虫剂致死害虫速度较慢,因此使用此菌防治时间要提前,对害虫天敌无伤害,长期使用能使天敌得到保护。

(2)白僵菌制剂:白僵菌是虫生真菌,应用球孢白僵菌防治梨小食心虫,卵孢白僵菌防治蛴螬类害虫,都取得了很好的效果。白僵菌对食心虫的自然寄生率常可达 20%～60%。其寄生专一性强,可保护天敌,持效性长,可在条件适宜时造成流行病,形成横向和垂直传播。但孢子侵入寄主要 3～4 d 的发病时间,致死害虫的速度慢,且要求一定的温度与湿度。

(3)病原线虫侵染:线虫能从昆虫自然孔口或从表皮钻入寄主体内,释放所携带的共生细菌;线虫和菌同时以寄主组织为养料增殖,产生毒素杀死寄主昆虫。目标害虫较专一,已成功防治的害虫有桃红颈天牛、桃小食心虫等,对鳞翅目幼虫尤为有效。

(六)化学防治

1. 交替用药　防治病虫不要长期单一使用同一种农药,应尽量选用作用机制不同的农药品种如拟除虫菊酯、氨基甲酸酯、昆虫生长调节剂及生物农药等交替使用,也可在同一类农药中不同品种间交替使用。杀菌剂中内吸性、非内吸性和农用抗生素交替使用,也能延缓病虫抗药性的产生。

2. 混用农药　将 2～3 种不同作用方式和机制的农药混用,可延缓病虫抗药性的产生和发展速度。农药能否混用,一是要有明显的增效作用;二是对植物不能发生药害,对人、畜的毒性不能超过单剂;三是能扩大防治对象;四是降低成本。混配农药也不能长期使用,否则同样会产生抗药性。

3. 重视桃树发芽期的化学防治　桃树萌芽期,在树体上越冬的大部分害虫已经出蛰,并上芽为害,此时喷药有以下优点:①大部分害虫都暴露在外面,又无叶片遮挡,容易接触药剂。②经过冬眠的害虫,体内的大部分营养已被消耗,虫体对药剂的抵抗力明显降低,触药后易中毒死亡。③天敌数量较少,喷药不影响其种群繁殖。④省药、省工。

4. 桃树生长前期不用或少用化学农药　生长前期(6月以前)是害虫发生初期,也是天敌增殖期,此时喷施广谱性杀虫剂,既消灭了害虫,也消灭了天敌,而且消灭害虫的比率远远小于天敌,从而会导致天敌一蹶不振,其种群在桃树生长期难以恢复。

5. 推广使用生物杀虫剂和特异性杀虫剂　目前在防治害虫上用得较多的生物杀虫剂,主要有华光霉素、浏阳霉素、苏云金杆菌和白僵菌等以及植物源农药。

6. 选择使用低毒化学农药　生产A级绿色食品,允许使用低毒化学农药,只限于叶面喷雾,每种药剂每年只允许用1次,最终在果品中的残留量不得超过规定标准。如防治蚜虫的吡虫啉,防治害螨的哒螨灵、螨死净、克螨特、尼索朗,防治食叶和蛀果害虫的辛硫磷、氯氰菊酯、氰戊菊酯等。

7. 改变使用方法　化学农药的主要使用方法是喷雾,如根据害虫习性采用地面施药、树干涂药等效果会更好,如树干涂药法防治天牛。

8. 桃关键物候期病虫害

(1)桃芽萌动期:桃树由于病害较重,早春萌芽前用3~5波美度石硫合剂喷雾枝条,对园地进行全面清园,防治褐腐病、炭疽病、缩叶病、穿孔病、黑星病等越冬病源及一些害虫的越冬虫源。桃树发芽前一次用药非常重要,每个园都必须喷洒。

(2)展叶及花蕾期:主要有缩叶病、炭疽病、褐腐病、蚜虫等病虫害。

(3)开花及幼果期:主要有黑星病、炭疽病、褐腐病、白粉病、蚜虫、叶螨等病虫害。

(4)果实膨大及硬核期:主要有细菌性穿孔病、炭疽病、梨小食心虫、红颈天牛等病虫害。

(5)转色及成熟期:主要有细菌性穿孔病、炭疽病、黑星病、褐腐病、果腐病、梨小食心虫、叶螨等病虫害。

（6）采后及休眠期：主要有炭疽病、褐锈病、叶螨、梨网蝽等病虫害。

桃关键物候期病害及害虫周年防治见表1。

表1 桃树病虫周年防治时间表

月份（物候期）	防治病害	防治害虫
1～2月 （休眠期）	各类越冬病害	各类越冬害虫
3月上中旬 （萌芽前期）	流胶病、缩叶病	蚜虫、桃潜叶蛾
4月上中旬 （开花期）	缩叶病、白粉病、炭疽病、黑星病、褐腐病	蚜虫、梨小食心虫、桃潜叶蛾、棉褐带卷叶蛾
4月下旬 （坐果期）	缩叶病、白粉病、炭疽病、黑星病、褐腐病、果腐病、枝枯病、侵染性流胶病	蚜虫、茶翅蝽、梨小食心虫、桃潜叶蛾、棉褐带卷叶蛾、梨剑纹夜蛾、灰蜗牛
5月 （幼果膨大期、新梢生长期）	桃缩叶病、白粉病、炭疽病、黑星病、细菌性穿孔病、褐腐病、果腐病、枝枯病、侵染性流胶病	蚜虫、茶翅蝽、梨小食心虫、桃柱螟、桃潜叶蛾、棉褐带卷叶蛾、斜纹夜蛾、梨剑纹夜蛾、灰蜗牛
6月下旬至8月中旬 （果实成熟期）	炭疽病、黑星病、细菌性穿孔病、褐腐病、果腐病、枝枯病、侵染性流胶、病褐锈病	茶翅蝽、螨类、梨小食心虫、梨网蝽、桃柱螟、桃潜叶蛾、棉褐带卷叶蛾、斜纹夜蛾、桃剑纹夜蛾、梨剑纹夜蛾、咖啡木蠹蛾（幼树）、红颈天牛、灰蜗牛
9～10月 （养分贮藏期）	褐锈病、炭疽病、黑星病、细菌性穿孔病、侵染性流胶病	蚜虫、螨类、梨小食心虫、梨网蝽、桃柱螟、棉褐带卷叶蛾、斜纹夜蛾、桃剑纹夜蛾、梨剑纹夜蛾、咖啡木蠹蛾（幼树）、灰蜗牛
11～12月 （落叶期）	炭疽病、细菌性穿孔病、流胶病；各类越冬病虫	蚜虫、螨类、斜纹夜蛾、灰蜗牛；各类越冬害虫

附录 3 桃树病虫害测报调查方法

（一）桃细菌性穿孔病测报调查方法

1. 田间调查方法 桃树落花后踏查,发现病叶或病枝后即开始调查,至果实采收完结束,每旬逢第 3 天、第 8 天调查 1 次。选择当地常年发病较重、有代表性、栽培面积不少于 667 m² 的极早熟、早熟、中熟、晚熟、极晚熟品种桃园各 2～3 块,每园单对角线调查 5 株,每株按东、西、南、北、中 5 个方位各固定 5 个枝条,调查枝条及其叶片的发病情况,结果记入表 1。极早熟品种果园、早熟品种果园、中熟品种果园、晚熟品种果园、极晚熟品种果园分别指桃树盛花初期至果实成熟时的天数为 60 d 以内、61～90 d、91～120 d、121～150 d、151 d 以上的果园。

表 1 桃细菌性穿孔病系统调查记载表(枝条/叶片)

调查日期（月/日）	调查类别	品种园类型	每片调查总数/个	每片发病数/个	发病率/%	备注
	枝条/叶片	极早熟品种果园				
	枝条/叶片	早熟品种果园				
	枝条/叶片	中熟品种果园				
	枝条/叶片	晚熟品种果园				
	枝条/叶片	极晚熟品种果园				
	枝条/叶片	平均				

2. 测报资料的统计与汇总

（1）发生程度:划分标准发生程度以采收前病叶率为指标划分成 5 级,划分标准见表 2。

表 2　桃细菌性穿孔病发生程度划分标准

发生级别	1 级	2 级	3 级	4 级	5 级
发生程度 收获期病叶率/%	轻发生 <5	偏轻发生 5~15	中等发生 15~30	偏重发生 30~50	大发生 >50

（2）测报资料收集

① 预测预报资料。桃细菌性穿孔病预测预报，需收集下列有关资料：各类熟期桃树面积、桃树主栽品种及其面积，主栽品种生育期及其必要的栽培管理资料；当地气象台（站）主要气象要素的预测值和实测值。

② 发病及防治情况。每 5 d 记载桃细菌性穿孔病发生面积、发生程度、防治面积和防治措施等，总结发生特点（表 3～表 5），并进行原因分析。

表 3　桃细菌性穿孔病发生情况模式报表

序号	查 报 内 容	查报结果
1	上年发生级别	
2	田间病害始见期（月/日）	
3	田间病害见期比历年均值提前或延后天数/±d	
4	4 月 28 日平均病枝率/±%	
5	4 月 28 日病枝率较历年同期平均值增减比率/±%	
6	4 月 28 日平均病叶率/%	
7	4 月 28 日平均病叶率较历年同期平均值增减比率/±%	
8	5 月份平均气温预报值/℃	
9	5 月份平均气温预报值较历年同期平均值增减/±℃	
10	5 月份降雨量预报值/mm	
11	5 月份降雨量预报值比历年平均值增减/±mm	
12	5 月份降雨日预报值/d	
13	5 月份降雨日预报值比历年平均值增减/±d	
14	预计 6 月份桃细菌性穿孔病发生程度	
15	上报单位	

表4　桃细菌性穿孔病发生情况模式报表
（6月、7月、10月）

序号	查报内容	查报结果
1	上月28日平均病枝率/%	
2	上月28日平均病枝率较历年同期平均值增减比率/±%	
3	上月28日平均病叶率/%	
4	上月28日平均病叶率较历年同期平均值增减比率/±%	
5	当月份平均气温预报值/℃	
6	当月份平均气温预报值较历年同期平均值增减/±℃	
7	当月份降雨量预报值比历年平均值增减/±mm	
8	当月份降雨日预报值/d	
9	当月份降雨日预报值比历年平均值增减/±d	
10	预计下月份桃细菌性穿孔病发生程度	
11	上报单位	

表5　全年桃细菌性穿孔病发生情况模式报表

序号	查报内容	查报结果
1	全年田间发病始盛期（月/日）	
2	全年田间发病始盛期比历年均值早晚/±d	
3	全年平均病枝率/%	
4	全年平均病枝率比历年均值增减/±%	
5	全年平均病叶率/%	
6	全年平均病叶率比历年均值增减/±%	
7	全年用药防治次数/次	
8	上报单位	

（二）梨小食心虫测报调查方法

1. 调查内容和方法

（1）越冬基数调查：一般在8月下旬至9月上旬,梨小食心虫越冬前,选择有代表性的幼果园、盛果园和老果园各2块,每块梨园面积在667 m² 以上,在靠近边缘、中间部位各选1株梨树,每株梨树在距地面 0.1～0.2 m 的主干上用 10 cm 宽的胶带绕扎一周,一般绕 2～3 层,人为制造一个越冬场所,于 12 月下旬调查胶带下的梨小食心虫越冬数量,结果记入表 6。

表 6　梨小食心虫越冬基数调查记载表

调查时间(月/日)	每 10 cm 主干越冬虫量/头				备注
	幼果园	盛果园	老果园	平均	

(2) 系统调查

① 成虫调查。4 月初开始选有代表性的桃园 2～3 块,6 月中旬转为梨园,至诱不到成虫时结束。在每块桃园、梨园内距地面约 1.5 m 处悬挂梨小食心虫性引诱剂口杯(杯口直径 8 cm)4 个,每杯相距约 50 m。每杯上部 1 cm 处悬挂 1 枚梨小食心虫性诱芯,性诱芯每 15 d 换 1 次,杯中放少量洗衣粉。也可以采用船式粘板诱捕器。每天早晨观察成虫数并剔除。将结果记入表 7。

表 7　梨小食心虫成虫性诱剂诱集记载表

诱集时间(月/日)	当日诱集数量 (头/杯、个)	累计诱集数量 (头/杯、个)	备注

② 卵果数调查。自梨园诱到成虫时开始查卵,每 5 d 调查 1 次,取每候的中间日,即每旬逢 3、8 日调查。选择幼果园、盛果园、老果园各 1 块。每块园面积在 667 m² 以上,在靠近边缘、中间部位各固定 1 株梨树,每株树在上部、外部、内部,共查梨果 100 个(以嘟噜果为主),记载卵果数,计算卵果率,结果记入表 8。

表 8　梨小食心虫卵果数调查记载表

调查日期 (月/日)	梨园类型				调查果数 /个	卵果数 /个	卵果率 /%	备注
	幼果园	盛果园	老果园	平均				

（3）普查

① 桃园折梢率普查。共普查 2 次。分别于 5 月上旬和 6 月上旬进行。选有代表性的桃园 10～15 块，每块桃园选 2～3 株，每株普查 20 个梢，记载折梢数，计算折梢率，结果记入表 9。

表 9　桃园折梢率普查记载表

调查日期（月/日）	调查地点	代表面积/hm²	桃树品种	调查梢数/个	折梢数/个	折梢率/%	备注

② 梨园卵果率普查。于每次大面积防治前进行。选有代表性的梨园 10～15 块，每块园调查 2 株梨树，具体方法同卵果数系统调查，调查结果记入表 10。

表 10　梨小食心虫卵果数普查记载表

调查日期（月/日）	调查地点	代表面积/hm²	梨树品种	树龄/年	调查果数/个	卵果数/个	卵果率/%	备注

2. 预测预报方法

（1）发生期预测：用 3 块梨园系统调查数据的平均值作为梨小食心虫的发生消长。成虫以当日诱蛾量为准，卵果率用 DPS 数据处理软件提供的插值处理校正成每天 1 次的数据。成虫、卵果率消长曲线有明显始末期出现的，可直接确定世代的始末期，世代重叠的，以 2 代间数量低谷的中心点作为两世代的交界期。各代成虫的始盛期、高峰期、盛末期分别指每代累计成虫量达全代累计成虫量 16％、50％、84％ 的日期；每代卵果率最高的日期为卵果率高峰期。

当性诱剂诱集到的成虫数量连续增加时，表明已进入发蛾盛期，发蛾盛期后推 3～5 d，即为产卵盛期。

（2）发生程度预测：依据越冬基数、田间诱蛾量、卵果数及历史资料,并结合气象预报对发生程度做出综合预测。一般夏秋季节多雨,有利于梨小食心虫的发生。

(3)发生量的表示及发生程度的划分标准:梨小食心虫的发生量用 10 cm 主干越冬幼虫量、每诱捕器累计诱蛾量、桃园折梢率、梨园卵果率表示,发生程度以全代累计诱蛾量及高峰日卵果率为指标划分为 5 级。划分标准见表 11。

表 11　梨小食心虫发生程度划分标准

世代	指标	发生级别和程度				
		1 级 轻发生	2 级 中等偏轻	3 级 中等发生	4 级 中等偏重	5 级 大发生
1 代	全代累计诱蛾量 (头/杯、个)	≤50	50～100	100～150	150～200	>200
2～4 代	全代累计诱蛾量 (头/杯、个)	≤25	25～75	75～125	125～175	>175
	高峰日卵果率/%	≤0.3	0.3～1	1.1～3	3.1～10	>10

(三)桃蛀螟测报调查方法

1. 利用性诱剂诱集成虫　4 月下旬选有代表性的桃园,按梅花状设立诱集点 5 个:选口径 20 cm 左右的碗(盆),碗内加水距碗面高度 1～1.5 cm,将性诱剂穿在铁丝上固定横置于碗面中央,碗悬挂于树上,距地面 1.2 m。于每天清晨观测调查,逐日统计碗内成虫数量。成虫高峰出现后 3～5 d 为有效防治期。性诱剂 1 个月更换1 次,注意换水并保持碗内水量。

2. 田间查卵　从诱到第 1 头成虫开始进行田间查卵。具体做法:选择早、中、晚熟品种果园,每果园各调查 5 株,每株调查果实20 个以上,3 d 调查 1 次,当卵果率达 1%时,开始喷药防治。

（四）棉褐带卷叶蛾测报调查方法

棉褐带卷叶蛾又名苹小卷叶蛾、小黄卷叶蛾，可为害果树的花蕾、叶片和果实。幼虫为害花时，可将花瓣咬出缺刻，甚至花蕾枯死，并有丝缠绕。幼虫为害叶片时，吐丝将叶片连缀在一起，潜居其中食害叶肉。当树上有果实后，常将叶片缀贴在果实上，幼虫啃食果皮及果肉，使果面呈许多小坑洼或大片伤疤。

1. 越冬幼虫出蛰时期数量消长调查 在果园的向阳处及背阴处，各选卷叶蛾越冬虫口密度较大的早熟和晚熟品种 12 株，作为固定调查树，每株树上各选 1～2 个侧枝，并做标记，固定调查范围。从 4 月上旬开始，每 1～2 d 调查 1 次，记载虫数，将虫取走。当越冬幼虫大量出现而未卷叶时，是施药适期。

2. 成虫数量消长调查 采用性诱剂诱捕器，从 3 月中旬开始记载成虫数，当连续出现数量剧增时，为成虫盛发期，1 周后为卵孵化盛期，为防治适期。

3. 赤眼蜂首次放蜂时间的预测 首次放蜂应在第 1 代卵发生始盛期。卵发生始盛期＝化蛹始盛期＋蛹期＋产卵前期。田间调查，随机抽样，调查雌性幼虫化蛹率。

雌性幼虫化蛹率(％)＝(雌蛹数＋雌蛹皮数)/(雌幼虫数＋雌蛹数＋雌蛹皮数)×100。

当化蛹率达 16％时为化蛹始盛期，而达 84％时即为盛末期。越冬代蛹期平均 10.4 d，产卵前期 1～2 d。